WERKSTATTBÜCHER

FÜR BETRIEBSBEAMTE, KONSTRUKTEURE UND FACH-
ARBEITER. HERAUSGEBER DR.-ING. H. HAAKE VDI

=== HEFT 61 ===

Die Zerspanbarkeit der Werkstoffe

Von

Dr.-Ing. habil. Karl Krekeler VDI

a. pl. Professor an der Technischen Hochschule Aachen

Zweite, verbesserte Auflage

(7. bis 12. Tausend)

Mit 71 Abbildungen und zahlreichen Tabellen
im Text

Berlin
Springer-Verlag
1943

ISBN 978-3-642-89021-5
DOI 10.1007/978-3-642-90877-4

ISBN 978-3-642-90877-4 (eBook)

Reprint of the original edition 1943

Berlin
Verlag von Julius Springer
1943

Inhaltsverzeichnis.

Vorwort.

Der Zerspanbarkeit der Werkstoffe kommt heute mehr denn je große Bedeutung zu. Deshalb wurde auch keine Mühe gescheut, dieses bereits in erster Auflage 1936 freundlich aufgenommene Büchlein auf den heutigen Stand der Erfahrungen verbessert und erweitert, trotz Mangel an Zeit, neu herauszubringen.

Der Verfasser ist den Herren Dr.-Ing. Vits und Dr.-Ing. Meyer für freundliche Beratung und Unterstützung bei der Neuauflage zu Dank verpflichtet. Möge auch diese zweite Auflage dem Konstrukteur und dem Betriebsmann ein treuer Helfer sein.

I. Allgemeine Betrachtungen.

Begriff der Zerspanbarkeit. Bei der spangebenden Formung bezeichnet man das Verhalten der Werkstoffe unter dem Schnitt der Werkzeuge als Zerspanbarkeit.

Das Wort „Zerspanbarkeit" scheint glücklicher gewählt als schlechthin „Bearbeitbarkeit", weil unter Bearbeitbarkeit auch spanlose Formungsvorgänge verstanden sein können.

In diesem Hefte werden nur die reinen „Schnitt"-Bedingungen, z. B. Schnittgeschwindigkeit, Vorschub, Spantiefe u. a. m. betrachtet. Die „form"bedingten Einflußgrößen, wie Gestalt des Werkstückes, Verhältnis von Länge zum Durchmesser der Wellen, Einspannung, Zustand der Maschine u. a. m. sind außer acht gelassen, da sie mit der Zerspanbarkeit als solcher nichts zu tun haben.

Die Zerspanbarkeit läßt sich nicht durch einen einzigen Begriff oder eine einzige Zahl ausdrücken. Um den praktischen Erfordernissen Rechnung zu tragen, lassen sich 4 Einflußgrößen herausschälen:

1. Die Schnittbedingungen (Schnittgeschwindigkeit, Vorschub und Spantiefe), die anzuwenden sind, um eine als wirtschaftlich erkannte Standzeit (Lebensdauer) des Werkzeuges zu erreichen, bis es wegen Abstumpfung erneuert werden muß.

2. Die Schnittkraft, die möglichst gering sein soll, um Werkzeuge und Maschinen zu schonen. Dem Konstrukteur soll ihre zahlenmäßige Größe und Richtung die Unterlagen für die Beherrschung der auftretenden Kräfte geben.

3. Die Oberflächengüte des Werkstückes, die mit Rücksicht auf den Verwendungszweck und die vorgeschriebene Genauigkeit erreicht werden muß.

4. Die Schneidflüssigkeit, die bei der jeweiligen Zerspanungsart benutzt wird, um die Zerspanbarkeit zu erleichtern und Oberflächengüte und Maßhaltigkeit der Werkstücke zu verbessern.

Hierbei ist außerdem noch zu berücksichtigen, daß jeder Arbeitsgang für sich betrachtet werden muß. Es ist nicht ohne weiteres gesagt, daß ein Werkstoff, der sich gut drehen läßt, auch leicht zu bohren oder zu schleifen ist. Man muß daher zwischen Drehbarkeit, Bohrbarkeit, Schleifbarkeit usw. unterscheiden.

Im nachstehenden werden nun entgegen dem bisherigen Brauch alle über die Zerspanbarkeit bekannten Ergebnisse nicht nach Zerspanungsarten oder Prüfungsverfahren zusammengestellt, sondern nach Werkstoffarten. Dies erleichtert nicht nur den Überblick, sondern gibt auch für den Betrieb endlich einen besseren Wegweiser, da an den einzelnen Werkstoffen meist alle Arten der Spanabhebung durchgeführt werden. Bei dieser Einteilung ist es dann ein leichtes, sich ein Urteil über die gesamte Zerspanbarkeit einer Werkstoffgruppe zu bilden.

Die Abb. 1 gibt einen Überblick, für welche Werkstoffgruppen und Zerspanungsarten die kennzeichnenden Größen der Zerspanbarkeit behandelt werden.

Die Prüfung der Zerspanbarkeit. Bei der Zerspanbarkeitsprüfung muß das Werkzeug nach Zusammensetzung, Form, Härte und Schleifzustand immer gleich gehalten werden. Der Werkstoff ist dagegen die veränderliche Größe.

Bei der Werkzeugprüfung geht man den umgekehrten Weg. Hier wird der Werkstoff gleichgehalten und das Werkzeug verändert. Es ist daher nicht angängig, alle früheren Ergebnisse der Werkzeugprüfung ohne Einschränkung als Zerspanbarkeitsprüfung umzudeuten.

Werkstoff des Werkzeugs. Die weitaus größte Zahl der Versuche über Zerspanbarkeit ist unter Verwendung von Schnellstahl[1] durchgeführt worden. Dieses liegt einmal daran, daß zu jener Zeit der Schnellstahl das meist gebrauchte Werkzeug war, zum anderen, daß er beim Versuch im Drehvorgang das am leichtesten erkennbare Abstumpfungskennzeichen hat. Da der (unlegierte) Werkzeugstahl

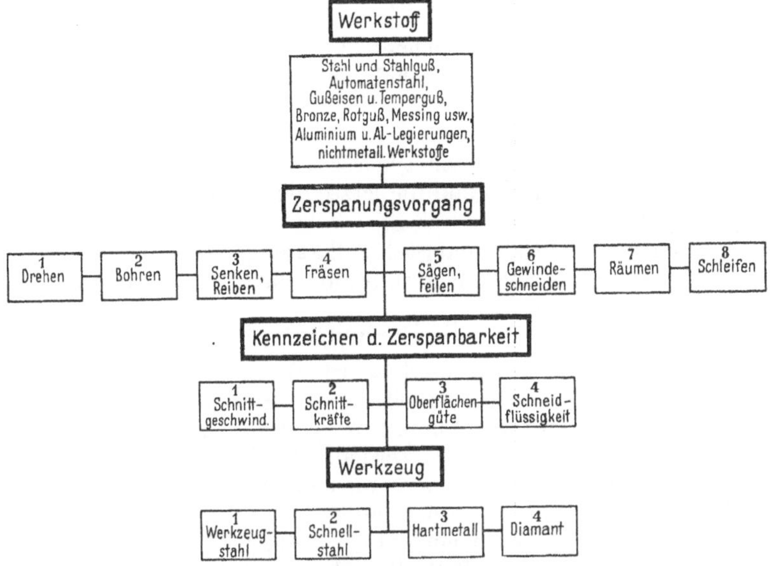

Abb. 1. Übersicht über die Zerspanbarkeit.

immer noch eine große Bedeutung hat und bei den Untersuchungen fast nicht berücksichtigt wurde, ist ein Ausgleich notwendig durch Feststellung geeigneter Umrechnungszahlen. Das gleiche gilt für die Hartmetalle, die sich ein immer größeres Anwendungsgebiet erobern.

Da die bis jetzt vorliegenden Zerspanbarkeitswerte mit großem Aufwand an Zeit, Geld und Werkstoff ermittelt wurden, sollte man sie, wenn irgend möglich, als Vergleichsgrundlage für andere Werkzeuge und Werkstoffe benutzen. Dies geschieht am besten so, daß man Umrechnungszahlen ermittelt, wobei die Schnittleistung eines guten Schnellstahles = 1 gesetzt wird.

Die Zerspanungsvorgänge. Die meisten zahlenmäßigen Ergebnisse liegen für das Drehen und Bohren vor, da die Versuchsdurchführung am einfachsten ist. Für andere Arbeitsvorgänge liegt eine Reihe von Einzelangaben vor, die aber einer guten Sichtung bedürfen, damit sie auf den gleichen Nenner kommen.

Werkstoff der Werkstücke. In dem vorliegenden Heft werden, wenn irgend möglich, Normenbezeichnungen benutzt. Daher wird jeder Werkstoffgruppe ein kurzer Überblick über die Normenbezeichnungen und Reihen vorausgeschickt.

---

[1] Super Rapid Extra 214 der Gebr. Böhler & Co. AG., Berlin; vgl. S. 12, Fußnote 2.

II. Zerspanbarkeit von Stahl und Stahlguß.

A. Der Werkstoff.

Unter Stahl (St) wird jedes ohne Nachbehandlung schmiedbare Eisen verstanden.

Bei den unlegierten Baustählen geben die dem Kurzzeichen folgenden beiden Ziffern die Mindestfestigkeit, die beiden letzten die Normblattnummern der 1600er Reihe an. Zum Beispiel bedeutet „St 00.11" unlegierten Baustahl der Reihe 1611, für den eine mechanische Festigkeit nicht angegeben wird; St 37.11 Stahl mit 37 kg/mm² Mindestfestigkeit der Reihe 1611. Die Reihen für diese Stähle sind: DIN 1611, 1612, 1613, 1621, 1629.

Bei den unlegierten Einsatz-Vergütungsstählen geben die beiden ersten Zahlen den Kohlenstoffgehalt und die beiden letzten wieder die Normblattnummern der 1600er Reihe an (DIN 1661).

Bei den legierten Baustählen bezeichnet „V" Vergütungsstahl und „E" Einsatzstahl. Die Zahlen geben den Nickelgehalt an. „C" bedeutet Chrom (und nicht Kohlenstoff), „N" Nickel. Daher hat „EN 15" kein (höchstens 0,2 %) Chrom und 1,5 % Nickel (DIN 1662).

Stahlguß (Stg) ist ein in Formen gegossenes schmiedbares Eisen. Die erste Zahlengruppe gibt die Festigkeit und die letzte die Normblattnummer der 1600er Reihe an (DIN 1681).

Die Zerspanbarkeit von Stahl und Stahlguß kann gemeinsam behandelt werden. Eine Ausnahme machen die hochlegierten Stähle, die gesondert betrachtet werden.

B. Drehen.

Schnittgeschwindigkeit. Beim Drehen ist die Schnittgeschwindigkeit von größter Bedeutung für die Zerspanbarkeit, da sie die Grundlage jedweder Arbeitsplanung und Zeit- und Kostenrechnung ist. Auf ihre genaue Ermittlung muß daher besondere Sorgfalt verwendet werden. Zu jeder Schnittgeschwindigkeit gehört eine bestimmte Standzeit (Lebensdauer der Schneide) des Werkzeuges, bis es wegen Abstumpfung erneuert werden muß. Für diese Abstumpfung muß ein eindeutiges Kennzeichen gewählt werden. Bei Schnellstahl ist dies die sog. Blankbremsung, die dadurch entsteht, daß das Werkzeug durch die Zerspanungswärme an der Schneidkante erweicht und ohne zu schneiden über das Werkstück reibt. Bei Verwendung einer Schnittkraft-Meßvorrichtung ist das sprunghafte Ansteigen des Vorschubdrucks ein gutes Abstumpfungskennzeichen. Wenn man unter bestimmten Spanbedingungen für verschiedene Schnittgeschwindigkeiten die ermittelten Standzeiten (T) in einem Schaubild aufträgt, erhält man die sog. T-v- (Standzeit-Schnittgeschwindigkeit) Kurve (Abb. 2). Im doppellogarithmischen Feld er-

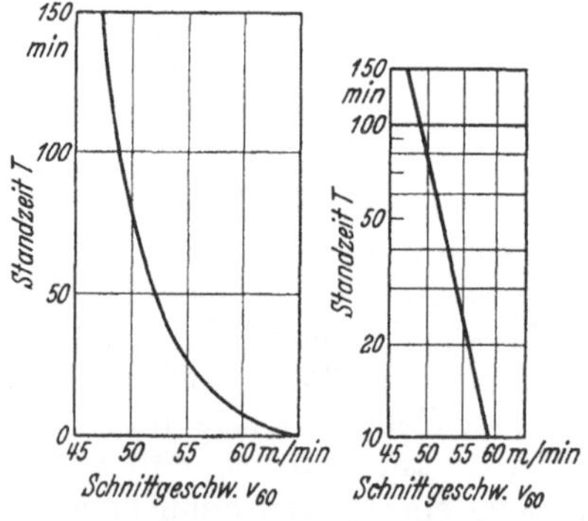

Abb. 2. Standzeit in Abhängigkeit von der Schnittgeschwindigkeit. Werkstoff: EN 15 (DIN 1662); $a = 4$ mm, $s = 1,12$ mm/U, $f = 4,5$ mm².

geben diese Kurven gerade Linien. Dies hat große Vorteile, da es nicht notwendig ist, immer lange Standzeiten mit großem Werkstoffverbrauch zu fahren. Wenn durch genügende Versuche die Lage der Kurve im Schaubild und ihre Neigung festliegt, kann man die langen Standzeiten durch Verlängern der Geraden über die beobachteten Punkte hinaus leicht finden (extrapolieren). Jeder Punkt einer solchen T-v-Kurve soll aus mindestens 3 Einzelwerten ermittelt werden. Bei sorgfältiger Härtung der Werkzeuge und genauer Einhaltung der Versuchsbedingungen bleibt die Streuung der Einzelwerte meist unter 10 %. Wenn man diese Standzeitbilder für verschiedene Werkstoffe ermittelt, so zeigt sich ein Unterschied in der Zerspanbarkeit durch die verschiedene Lage dieser Kurven im Schaubild: je weiter die Kurve nach rechts liegt, desto höher ist die anwend-

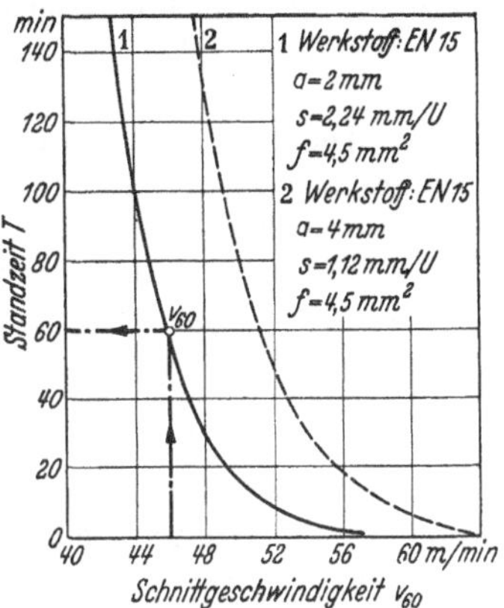

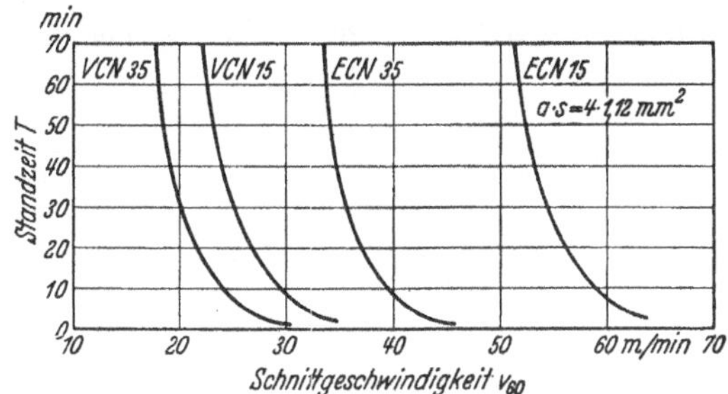

Abb. 3. Standzeiten verschiedener Stähle in Abhängigkeit von der Schnittgeschwindigkeit. Stähle nach DIN 1662.

Abb. 4. Die Standzeit in Abhängigkeit von der Schnittgeschwindigkeit bei gleichen Spanquerschnitten, aber verschiedenen Vorschüben und Spantiefen.

bare Schnittgeschwindigkeit und desto besser die Zerspanbarkeit. Man sagt damit: ein Werkstoff ist um so leichter zu zerspanen, je höher die zulässige Schnittgeschwindigkeit ist (Abb. 3).

Die Abb. 2 und 3 gelten bei einem Spanquerschnitt $f = 4{,}48$ mm², der sich aus einem Vorschub $s = 1{,}12$ mm/U und einer Spantiefe $a = 4$ mm zusammensetzt. Sobald aber bei gleichem Spanquerschnitt das Verhältnis von Spantiefe zu Vorschub geändert wird, verschiebt sich die Lage der T-v-Kurve erheblich. Man sieht aus Abb. 4, daß bei großem Vorschub und kleiner Spantiefe die anwendbare Schnittgeschwindigkeit kleiner ist als bei großer Spantiefe und kleinem Vorschub. Man darf also nicht mehr, wie es bisher meist üblich war, bei Angabe der anwendbaren Schnittgeschwindigkeiten nur einfach den Spanquerschnitt nennen: wesentlich ist auch seine Zusammensetzung nach Spantiefe und Vorschub.

Die Lage der T-v-Kurve im Schaubild an sich genügt noch nicht zur Kennzeichnung der Zerspanbarkeit. Es ist eine eindeutige Kennzahl unter Berücksichtigung des Vorstehenden erwünscht. Man hat hierzu die Schnittgeschwindigkeit gewählt, bei der das Werkzeug 60 min Standzeit erreicht (Abb. 5). Diese „Stundenschnittgeschwindigkeit" wird mit v_{60} bezeichnet. Je höher die v_{60}-Zahl liegt, um so leichter ist ein Werkstoff im Drehvorgang zu zerspanen.

Diese Standzeit von 60 min ist seiner Zeit vom Reichsausschuß für Arbeitsstudien (Refa) empfohlen worden. Es lag hierbei die Erwägung zugrunde, daß das richtige Verhältnis zwischen Standzeit, Rüstzeit des Werkzeuges und Werkzeugverbrauch gefunden werden müsse. Unter Standzeit versteht man hierbei die Lebensdauer der Schneide zwischen zwei Wiederanschliffen und unter Rüstzeit[1] die Summe der Zeitwerte für Umspannen, Nachschleifen, Anstellen, Messen usw. Es ist neuerdings von verschiedenen Seiten gefordert worden, von der Einheitsstandzeit abzukommen und den jeweils günstigsten Wert zu ermitteln. WALLICHS und SCHÖPKE[2] haben errechnet, daß die möglichen Abweichungen zwischen der

---

[1] „Rüstzeit des Werkzeuges" in diesem Sinne stimmt nicht genau mit dem Begriff „Rüstzeit" des Refa überein.

[2] Die 60-min-Standzeit als Richtwert beim Schruppdrehen. Z. VDI Bd. 78 (1934) S. 278.

günstigen Standzeit und der festliegenden v_{60} so gering sind, daß es nicht zweckmäßig ist, auf die Vorteile der festliegenden v_{60} zu verzichten.

Diese Überlegungen für v_{60} gelten aber nur für den Grobschnitt. Feinschnittarbeiten, Revolver- und Automatenarbeiten können hier nicht mit einbezogen werden. Hier spielen noch andere Gesichtspunkte, wie Einrichtezeit, Maßhaltigkeit, Art der am höchsten beanspruchten Werkzeuge, eine große Rolle.

Aus dem bisher Gesagten ergeben sich also die folgenden wichtigen Schlußfolgerungen:

1. Die T-v-Kurve gibt gute zahlenmäßige Unterlagen über die bei den einzelnen Schnittgeschwindigkeiten erreichbaren Standzeiten.

2. Die aus diesen Kurven abgelesenen v_{60}-Werte sind praktisch verwertbare Kennziffern für die Zerspanbarkeit im Drehvorgang mit schweren Schnitten.

3. Die T-v-Kurven ergeben im doppellogarithmischen Feld gerade Linien, so daß längere Standzeiten „extrapoliert" werden können.

4. Bei gleichem Spanquerschnitt aber verschiedener Zusammensetzung aus Spantiefe und Vorschub ist v_{60} bei größerem Vorschub immer geringer als umgekehrt.

Zerspanungsschaubilder. Nachdem diese Erkenntnisse gewonnen und außerdem die T-v-Kurven für eine große Anzahl von Spantiefen und Vorschüben bei den meist benutzten Stählen und Stahlgußsorten[1] ermittelt waren, konnte man sie praktisch auswerten. Dies wurde durch das sog. Zerspanungsschaubild (Abb. 5) von WAL-LICHS-DABRINGHAUS[2] möglich. Grundlegend

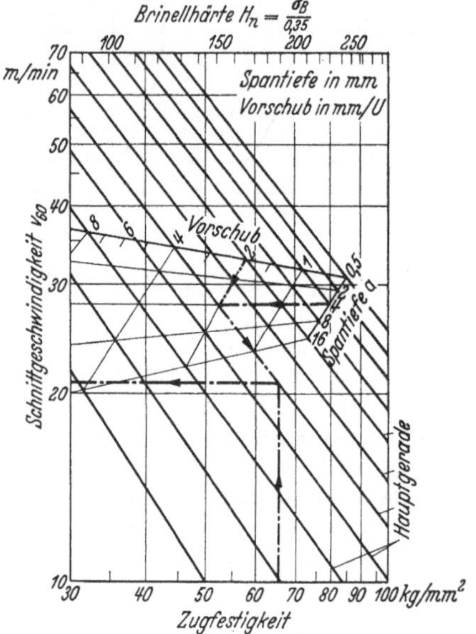

Abb. 5. Zerspanungsschaubild nach WALLICHS-DABRINGHAUS für Stahl und Stahlguß.

hierfür war auch schon die Erkenntnis der Abhängigkeit der v_{60}-Zahl von der Zugfestigkeit und der Brinellhärte bei Stahl und Stahlguß.

Für die praktische Anwendung verfährt man wie folgt: Um die v_{60}-Zahl eines Werkstoffes bestimmter Festigkeit (z. B. 66 kg/mm²) zu finden, muß man den Schnittpunkt der vorgesehenen Spantiefe (z. B. 4 mm) mit dem gewählten Vorschub (2 mm/U) suchen. Durch den Schnittpunkt legt man eine Gerade gleichlaufend zu den schräg von links oben nach rechts unten gezogenen Hauptgeraden. Der Schnittpunkt dieser Geraden mit der Senkrechten auf der Zugfestigkeit (66 kg/mm²) ergibt dann nach links die gesuchte v_{60}-Schnittgeschwindigkeit (21 m/min). Bei der Auswertung dieser Zahlen für den Betrieb ist noch zu berücksichtigen, daß es sich um Werte handelt, die unter besten Prüfbedingungen mit sorgfältig gehärteten Werkzeugen usw. gewonnen wurden. Für die Werkstatt müssen also diese „Bestwerte" der v_{60}-Zahl je nach den Härteeinrichtungen, dem Maschinenpark usw., um einen Betrag von 20···25% verringert werden.

---

[1] KREKELER: Die Prüfung der Bearbeitbarkeit der legierten Stähle für den Kraftfahrzeugbau durch spanabhebende Werkzeuge. Dissertation, Aachen. — WALLICHS und KREKELER: Versuche über Zerspanbarkeit des Stahlgusses. Forschungsinstitut für das Kraftfahrwesen.

[2] WALLICHS u. DABRINGHAUS: Masch.-Bau Bd. 9 (1930) S. 257.

Außerdem gelten diese Werte für den trockenen Schnitt. In einem späteren Abschnitt wird besprochen, um wieviel sich diese Zahlen bei Verwendung einer Schneidflüssigkeit erhöhen lassen.

Vergleich mit den vom AWF und ADB 1925/27 veröffentlichten Richtwerten. Diese Richtlinien, die vom AWF gemeinsam mit der ADB für fast alle Werkstoffarten herausgegeben wurden, sind auf Grund einer Rundfrage bei großen Betrieben und auf Grund von Erfahrungswerten zusammengestellt worden. Es haftet ihnen der Mangel an, daß die Werte in Abhängigkeit vom Spanquerschnitt angegeben werden. Nach den im vorstehenden geschilderten Erkenntnissen hat die Zusammensetzung der Spanquerschnitte auf die anwendbaren Schnittgeschwindigkeiten aber einen großen Einfluß. Die Werte sind trotzdem heute noch gut brauchbar, da man ohne weiteres annehmen kann, daß sie für größere Spantiefe und kleinere Vorschübe gelten. Wie die nachstehende Zahlentafel[1] zeigt, ist unter diesen Umständen auch die Übereinstimmung mit den v_{60}-Werten aus dem Zerspanungsschaubild sehr gut:

Werkstoff: St C 45.61 (DIN 1661), Festigkeit: $\approx$ 65 kg/mm², Einstellwinkel: $\varkappa = 45^0$·

Spantiefe	Vorschub	Spanquerschnitt	v_{60} aus dem Schaubild Abb. 5 abzügl. 25 %	v_{60} praktisch ermittelt	v_{60} nach AWF 101d
mm	mm/U	mm²	m/min	m/min	m/min
2,5	0,4	1	27,0	28,3	27,5
5,0	0,8	4	17,0	16,0	15,8

Es ist daher festzustellen, daß die AWF-Richtwerte, nachdem auf Grund der genauen Versuche der Einfluß von Schnittiefe und Vorschub bekannt ist, für den Betrieb brauchbar sind. Sie bilden eine wertvolle Ergänzung der Zerspanungsschaubilder. Für die Kenntnis der Zerspanbarkeit sind nun noch einige andere Einflußpunkte von Wichtigkeit.

Einfluß der in den Normen festgelegten Grenzen für Festigkeit und Analyse auf die Zerspanbarkeit. Die Normvorschriften geben auf Grund der Möglichkeiten des Herstellungsganges und der im laufenden Betrieb erreichbaren Genauigkeit Werte an, die in der Festigkeit und der chemischen Zusammensetzung einen gewissen notwendigen Spielraum lassen. Soweit die Festigkeitsgrenzwerte in Frage kommen, richtet sich die Zerspanbarkeit nach der Höhe der Festigkeit und kann aus der v_{60}-Bestimmungstafel (Abb. 5) abgelesen werden.

Anders liegen die Verhältnisse bei den Analysengrenzen unlegierter Stähle, wo der Einfluß des Kohlenstoffgehaltes von Bedeutung ist. Bei gleicher Festigkeit ist ein Stahl mit geringerem Kohlenstoffgehalt immer leichter zu bearbeiten. Abb. 6 zeigt einen St C 16.61 mit 0,16 bzw. 0,21 % C und einer v_{60}-Geschwindigkeit von 54 m/min gegen 51 m/min. — Ein ähnliches Ergebnis zeigt sich bei Vergütungsstählen, wenn z. B. St C 35.61 und 45.61 auf gleiche Festigkeit vergütet werden. Bei einem Unterschied von 0,10 % C ist v_{60} im Durchschnitt etwa 2,5 m/min höher als bei St C 35.61 (Abb. 7).

Bei legierten Stählen kann man sagen, daß z. B. der Nickelanteil den Einfluß des C-Gehaltes überwiegt. Unter sonst gleichen Verhältnissen sind legierte Stähle

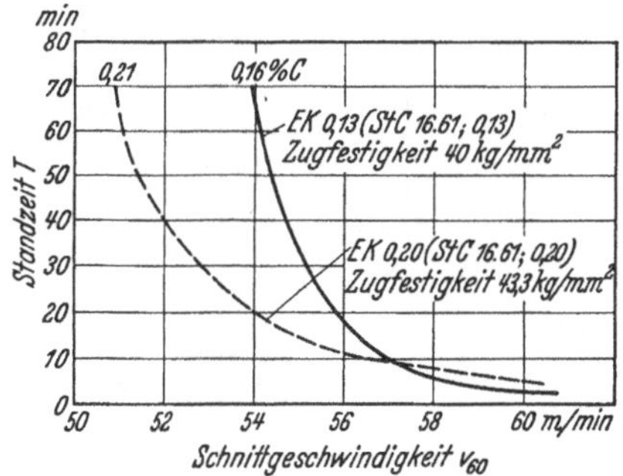

Abb. 6. Einfluß der Zusammensetzung auf die Zerspanbarkeit eines unlegierten Einsatzstahles (Kohlenstoffgehalt 0,16 bzw. 0,21 %).

---

[1] Nach Mitteilungen von C. W. DRESCHER.

schwerer zu bearbeiten als unlegierte. Diese Feststellung besagt natürlich nichts über die Verbesserung der physikalischen Eigenschaften durch Legierungsbestandteile.

Einfluß der Legierung des Werkstückes. Bei hochlegierten Stählen wirkt sich der Einfluß auf die Zerspanbarkeit noch ungünstiger aus. Bei Zerspanung eines VCN 35 und eines geglühten Schnellschnittstahles gleicher Festigkeit kann man bei diesem nur etwa die halbe Schnittgeschwindigkeit anwenden. Die große Menge von harten Doppelkarbiden im Schnellschnittstahl übt eine zu große Verschleißwirkung auf die Schneidkante aus.

Werkstoff	Festig-keit kg/mm²	Span-tiefe a mm	Vor-schub s mm/U	Schnitt-geschwindig-keit v_{60} m/min
VCN 35	85	3	2,12	15
Schnellstahl geglüht	85	3	2,12	7

Weitere Beispiele eines hochchromlegierten und eines chromlegierten Werkzeugstahles gegenüber je einem Baustahl gleicher Festigkeit gibt die nachstehende Zahlentafel[1].

Diese Beispiele wie auch die nachfolgenden können natürlich nur einen Anhalt geben, welche

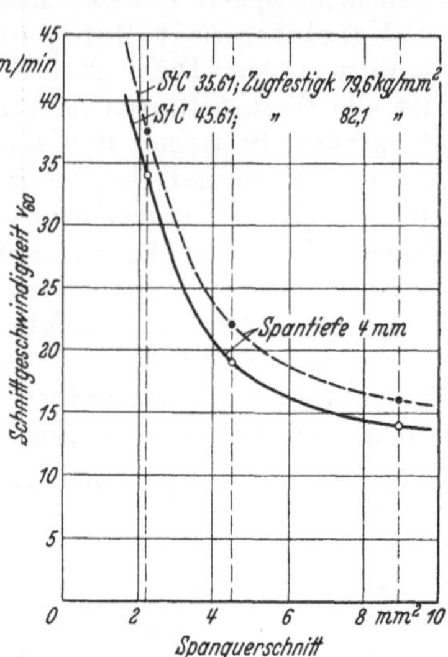

Abb. 7. Einfluß des Kohlenstoffgehalts unlegierter Vergütungsstähle auf die Zerspanbarkeit (Schnittgeschwindigkeitswerte v_{60}).

Werkstoff	Festigkeit kg/mm²	Analyse			Spantiefe a mm	Vorschub s mm/U	v_{60} m/min
		C	Mn	Cr			
Hochchromlegierter Werkzeugstahl . . .	105	2,16		12,33	4	0,5	3
VCN 35 h	auf 105 vergütet		entspricht DIN 1662		4	0,5	15,5
Chromlegierter Werkzeugstahl	75	1,10	0,31	1,65	4	0,5	16
VCN 15 h	auf 75 vergütet		entspricht DIN 1662		4	0,5	26

Schnittgeschwindigkeiten vorkommendenfalls in den Betrieben zugrunde gelegt werden können. Der 12proz. verschleißfeste Manganstahl (Festigkeit 90 kg/mm²) ist wegen schlechter Zerspanbarkeit, die wohl durch die große Kalthärtbarkeit bedingt ist, bekannt. Abb. 8 gibt einen Anhalt, um wieviel schwerer der Manganstahl als der SM-Stahl zu bearbeiten ist. — Wenn nun für die Bearbeitung des SM-Stahles statt Schnellstahl noch Hartmetall wie für den Manganstahl benutzt werden würde, so wären dessen v_{60}-Werte mindestens doppelt so hoch.

Bemerkenswert ist auch der Unterschied zwischen dem geschmiedeten und dem gegossenen Manganstahl. Es hat danach den Anschein, daß eine Durcharbeitung des Werkstoffes dessen Zerspanbarkeit fördert[2].

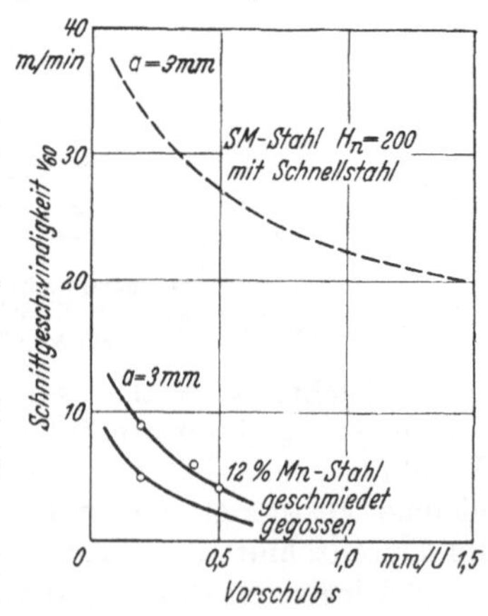

Abb. 8. v_{60} für Manganhartstahl von 12 % Mn.

---

[1] RAPATZ: Stahl u. Eisen Bd. 50 (1930) S. 807. [2] SCHALLBROCH: Masch.-Bau 1933 S. 239.

Für rost- und hitzebeständige Stähle ist in Abb. 9 noch ein Beispiel auch im Vergleich zu SM-Stahl gegeben. Infolge der größeren Anzahl von Legierungsbestandteilen ist auch hier die Zerspanbarkeit schlechter.

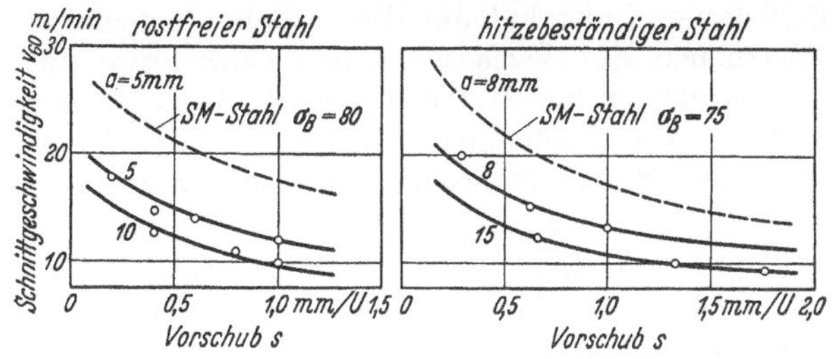

Abb. 9. v_{60} für rostfreie und hitzebeständige Stähle.

Besondere Einflußpunkte für die Zerspanbarkeit von Stahlguß. Bei Schmiede- oder Walzgut ist die Zerspanbarkeit der äußeren Schicht nur wenig verschieden von dem gesunden Werkstoff. Anders verhält es sich, wie nachstehende Zahlentafel zeigt, bei Stahlguß. — Die Zerspanbarkeit der Gußhaut ist hier viel schlechter.

Schnittgeschwindigkeit v_{60} von Gußhaut und gesundem Werkstoff von Stahlguß.

Werkstoff	Festigkeit kg/mm²	Spantiefe a mm	Vorschub s mm/U	v_{60} m/min Gußhaut	v_{60} m/min gesunder Werkstoff	Gießtemperatur °C
Stg 50.81 . . . . ⎱ Bessemer-Stahl . . . . ⎰	48	4	1,12	0,5	43	1600
Stg 50.81 1,04 Ni	55	4	1,12	14,5	35	1415

Trotz der höheren Festigkeit ist die Gußhaut des nickellegierten Stg 50.81 besser zu bearbeiten als bei dem Bessemer-Stahl. Dies ist durch die hohen Gießtemperaturen bedingt, da die Sandteilchen der Form schärfer einbrennen. Der Drehmeißel zeigt großen mechanischen Verschleiß.

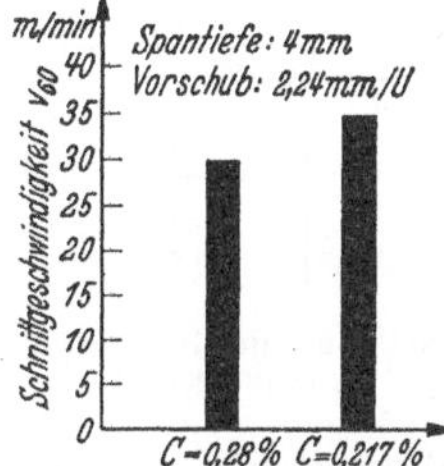

Abb. 10. Einfluß des C-Gehaltes auf die Zerspanbarkeit von Stg 50.81.

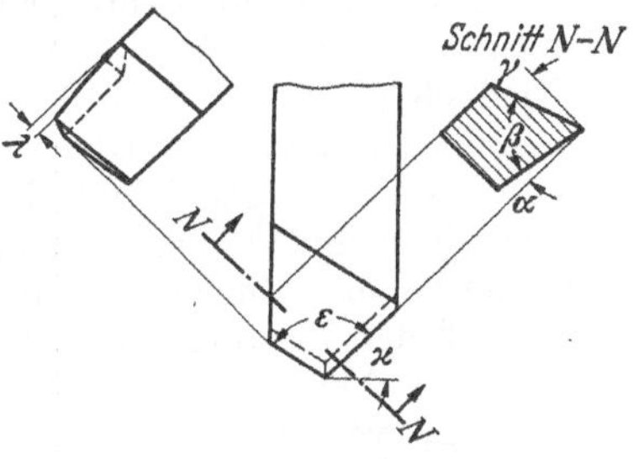

Abb. 11. Winkel an Schneidstählen (nach DIN 4951).
α = Frei- (Rücken-) Winkel, β = Keil- (Meißel-) Winkel, γ = Span- (Brust-) Winkel, $\varkappa$ = Einstellwinkel, ε = Spitzenwinkel, λ = Neigungswinkel.

Der Kohlenstoffgehalt wirkt sich ähnlich wie bei den Baustählen so aus, daß bei geringerem Kohlenstoffgehalt die Zerspanbarkeit besser wird. Ein zahlenmäßiges Beispiel gibt Abb. 10.

Die Art der Erschmelzung (Elektroofen, Bessemer-Birne oder Siemens-Martin-Ofen) hat auf die Zerspanbarkeit nur geringen Einfluß[1]:

Schnittgeschwindigkeit v_{60} bei verschieden erschmolzenem Stahlguß (Stg 58.81).

Werkstoff	Zugfestigkeit kg/mm²	Spantiefe a mm	Vorschub s mm/U	v_{60} m/min
Elektrostahl	49	4	2	32
Basischer SM-Stahl	50	4	2	31
Bessemer-Stahl	47	4	2	32

Einfluß der Form des Drehmeißels. In den DIN-Blättern 4931 ··· 4943 sind die Winkel am Drehmeißel genormt. Abb. 11 zeigt einen rechten geraden Schruppstahl nach DIN 4931. Die Querschnitte und die aus Ersparnisgründen zu ver-

---

[1] Rapatz: AWF-Mitt. 1935.

wendenden Aufschweißplättchen sind in den DIN-Blättern 768, 770, 771 festgelegt. Plättchen aus Hartmetallen sind in DIN-Blatt 4966 genormt, die Schneidstähle mit Schneidplatten aus Hartmetall in den Einheitsblättern DIN E 4971 bis 4980 (Januar 1942). Der Meißelquerschnitt hat auf die erreichbare Schnittgeschwindigkeit nach eigenen Versuchen des Verfassers einen ganz unwesentlichen Einfluß, besonders dann, wenn nur geringe Unterschiede der Abmessungen vorhanden sind. Aber auch für große Verschiedenheiten kann der Einfluß vernachlässigt werden, wie Angaben von DEMPSTER SMITH[1] für einen Stahl von 53 kg zeigen:

Meißelquerschnitt mm ⌀ . .	19,1	25,4	31,8	38,1
v_{120}-Zahl	0,92	0,97	1,0	1,02

Die Werte sind Verhältniswerte und gelten für v_{120}, geben aber für v_{60} einen guten Anhalt.

Der Einstellwinkel (Abb. 12) hat dagegen auf die erreichbare Schnittgeschwindigkeit wesentlich mehr Einfluß. Für Stahl und Stahlguß sind folgende Umrechnungszahlen festgelegt[2]:

Einstellwinkel $\varkappa$	30°	45°	60°	90°
Umrechnungszahl für v_{60} . .	1,26	1,00	0,80	0,66

Hierdurch ist es möglich, alle Versuchswerte auf den gleichen Nenner zu bringen. Es ist aber notwendig, daß bei allen Zerspanungsversuchen das Werkzeug genau gekennzeichnet ist. Die Beeinflussung der Schnittgeschwindigkeit ist darauf zurückzuführen, daß bei kleinem Winkel $\varkappa$ ein größerer Teil der Schneide unter Schnitt steht als bei großem Winkel (Abb. 12) und daher die Beanspruchung geringer ist. Der Einstellwinkel darf jedoch nicht nur nach dem Bestwert für v_{60} festgelegt werden. Bei zu kleinem Winkel tritt leicht Rattern

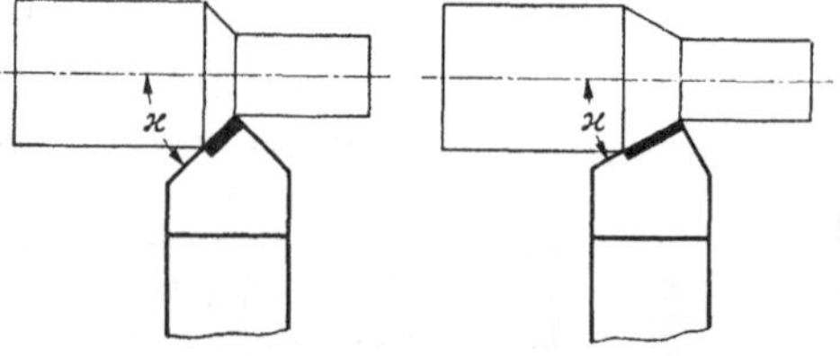

Abb. 12. Einfluß des Einstellwinkels $\varkappa$ auf den im Schnitt stehenden Teil des Drehmeißels (Spanquerschnitt)

auf, da die Schnittkraft, die rechtwinklig zur Längsachse des Werkstückes wirkt (Rückkraft), mit kleinerem Einstellwinkel wächst.

Einfluß der Zusammensetzung des Werkzeuges. Der Einfluß der Zusammensetzung des Werkstoffes der Werkzeuge ist deshalb für die Zerspanbarkeit von Bedeutung, weil es möglich ist, die versuchsmäßig ermittelten v_{60}-Zahlen umzurechnen.

Die bisherigen Zerspanungsversuche wurden fast alle mit dem Stahl der Gebr. Böhler & Co. AG. mit der Bezeichnung Super Rapid Extra 214 (SRE 214, s. Nr. 5 der nachfolgenden Tabelle für Schnellstähle) gemacht.

Die Versuche sind auch alle mit Vollmeißel gefahren, während heute nur noch aufgeschweißte Plättchen verwendet werden dürfen. Dies hat jedoch keinen Einfluß auf die anwendbaren Schnittgeschwindigkeiten, Vorschübe und Spantiefen, wenn die Plättchen aus Schnelldrehstahl[3] den Vorschriften entsprechend auf den Schaft gebracht wurden.

Kohlenstoffstahl. Wenn die mit dem Schnellstahl der vorstehenden Zusammensetzung ermittelten v_{60}-Werte gleich 1 gesetzt werden, so kann man bei Verwendung von unlegiertem Werkzeugstahl nur etwa $^1/_4$ der Werte anwenden.

---

[1] Dtsch. Kraftfahrforsch. Heft 46, H. Opitz & G. Zipp.
[2] WALLICHS u. DABRINGHAUS: Masch.-Bau 1930 S. 257···262.
[3] SCHMIDT: Masch.-Bau 1941 S. 63.

Schnellstahl[1]. Früher sagte man, daß ein Schnelldrehstahl mindestens 18 bis 20 % Wolfram enthalten müsse. Um die Beständigkeit in der Wärme bei schweren Schnitten noch zu erhöhen, wurde meist noch Kobalt zugesetzt. Inzwischen hat man jedoch auf Grund notwendig gewordener Maßnahmen die Legierungsgehalte der Schnelldrehstähle erheblich herabgesetzt. Außerdem hat man die Erschmelzung und die Herstellung von Co-legiertem Stahl verboten. Die vorhandenen Bestände werden nur auf Grund besonderer Ausnahmegenehmigungen in besonders begründeten Fällen freigegeben.

Die nachstehende Tabelle gibt einen Überblick über die heute üblichen Zusammensetzungen der Schnelldrehstähle laut Anordnung der Reichsstelle für Eisen und Stahl E 14.

Lfd. Nr.	C	Cr	Mo	V	W	Co	Gruppeneinteilung nach E 14	Umrechnungszahl für v_{60}
1	0,80	4,00	0,50	1,70	10	—	A+B+C	0,85
2	1,00	4,00	2,5	3,0	2,5	—	A+B+C (sog. Dreierstahl)	0,90
3	0,85	4,00	—	2,7	11	—	D	0,90
4	1,20	5,00	—	4,5	12	—	E	0,95
5	0,80	4,5	2,0	2,0	18	2,5	SRE 214[2]	1,00
6	0,75	4,0	—	1,2	18	—	[3]	0,85
7	0,85	4,00	1,0	1,8	18	5,0	[4]	1,10

Außerdem sind zum Vergleich noch einige früher übliche Zusammensetzungen von Schnelldrehstählen angeführt.

Die letzte Spalte der Tabelle gibt einen Anhalt für die Leistung der Stähle im Vergleich zu dem Schnelldrehstahl „SRE 214".

Hartmetall[5]. Für die Verwendung von Hartmetallwerkzeugen beim Drehen sind auf Veranlassung des AWF Versuchsunterlagen ähnlich wie bei Schnellstahl ermittelt worden. Von den Ergebnissen sind bisher folgende Blätter erschienen:

AWF	122	123	124	125
Werkstoff	50.11	60.11	70.11	St 85

Das Abstumpfungskennzeichen muß noch genau festgelegt werden[6, 7].

Die Abnutzung der Hartmetallschneiden macht sich oft dadurch bemerkbar, daß an der Schneide kleine Teile abgeschliffen und herausgebröckelt werden. Dies

---

[1] Vgl. hierzu auch SCHMIDT: Masch.-Bau 1940 S. 280.

[2] Dieser Schnelldrehstahl wurde bisher bei allen Zerspanungsversuchen des Aachener Laboratoriums benutzt, um einen einheitlichen Vergleichsmaßstab zu haben.

[3] Typ eines früher viel verwendeten Schnelldrehstahles mit 18 % Wolfram.

[4] Typ eines früher viel verwendeten 18 proz. Wolframstahles mit 5 % Co.

[5] Nach AWF 118, Beuth-Vertrieb, Berlin SW 68, werden die Hartmetallwerkzeuge entsprechend ihrer Verwendbarkeit einheitlich folgendermaßen bezeichnet:

F_1 zum Feinstbearbeiten von Stahl,

S zum Bearbeiten von Stahl und Stahlguß, und zwar S_1 mit hohen Schnittgeschwindigkeiten und kleinen Vorschüben, S_2 mit mittleren Schnittgeschwindigkeiten und Vorschüben, S_3 mit niedrigeren bis mittleren Schnittgeschwindigkeiten und größeren Vorschüben,

G_1 zum Bearbeiten von Gußeisen unter 200 Brinell, Nichteisenmetallen, Kunst- und Preßstoffen,

G_2 zum Bearbeiten von Kunst- und Hartholz, Faserstoffen, Preßstoffen usw.

G_3 zum Bearbeiten von Elektrodenkohle,

H_1 zum Bearbeiten von Gußeisen über 200 Brinell, Hartguß, Temperguß, Glas, Porzellan, Gesteinen, Hartpapier,

H_2 zum Bearbeiten von Sonder-Hartguß.

[6] OPITZ u. PRINTZ: Techn. Z. prakt. Metallbearb. Jg. 48 (1938) Nr. 21/24.

[7] DAWIHL: Masch.-Bau, der Betrieb 1938 S. 511; 1940 S. 521.

äußert sich im Rauhwerden des Schnittes und vor allen Dingen in der Veränderung des Durchmessers. Sehr oft entsteht wie beim Schnellstahl eine Auskolkung. Es entsteht dann eine Blankbremsung und bei den hohen Schnittgeschwindigkeiten starkes Rundfeuern.

Der Einfluß der Zusammensetzung der Spanquerschnitte nach Vorschub und Schnittiefe ist ähnlich wie bei Schnellstahl (Abb. 2). Die T-v-Kurven ergeben auch gerade Linien im doppellogarithmischen Feld. Hinsichtlich der Spanzusammensetzung gilt der Grundsatz: möglichst große Spantiefe und kleiner Vorschub. Die Schnittgeschwindigkeit ist auf jeden Fall so hoch zu wählen, daß der Schneidenansatz verschwindet, da sonst die Schneide schon nach ganz kurzer Zeit zerstört wird. Bei niedrigen Schnittgeschwindigkeiten erhöht sich die Standzeit nicht, wie anzunehmen wäre, sehr erheblich.

Mit Hartmetallwerkzeugen kann man infolge der hohen Wärmebeständigkeit und Verschleißfestigkeit ein Vielfaches der Schnittgeschwindigkeiten von Schnellstahl anwenden. Für das Drehen eines Stahles von 70 kg/mm² Festigkeit kann man etwa folgende Verhältniszahlen als Richtlinie geben:

Werkstoff des Werkzeuges	Werkzeugstahl	Schnellstahl	Hartmetall S_2	Hartmetall S_1
v_{60}-Umrechnungszahl	0,25	1	4	4 $\cdots$ 8

Die Vorteile der Hartmetalle beim Drehen von Stahl sind: hohe Schnittgeschwindigkeiten und infolgedessen (durch Fortfall der Aufbauschneiden) gute Oberflächenbeschaffenheit, geringe Werkstoffverformung beim Schnitt ohne wesentliche Zerstörung des Randgefüges.

Man muß aber bei Verwendung der Hartmetallwerkzeuge die Vorschriften der Lieferfirma genau beachten.

Die Winkel an den Werkzeugen, die jetzt empfohlen werden, sind:

Freiwinkel $\alpha = 4 \cdots 6^0$ Spanwinkel $\gamma = 8 \cdots 16^0$ Neigungswinkel $\lambda = 3 \cdots 5^0$.

Beim Spanwinkel gelten die kleinen Winkel für hohe Festigkeit (VCN 35) und die größeren Winkel für geringere Festigkeit (St 37.11).

Als Richtwerte für das Drehen mit Hartmetallwerkzeugen S_1 werden folgende Schnittgeschwindigkeiten empfohlen:

Werkstoff	Festigkeit kg/mm²	Schnittgeschwindigkeit in m/min	
		Grobschnitt	Feinschnitt
St 37.11		180 $\cdots$ 250	250 $\cdots$ 350
St 60.11		100 $\cdots$ 130	130 $\cdots$ 170
Cr-Ni- ⎫ Stahl	70 $\cdots$ 85	80 $\cdots$ 100	100 $\cdots$ 120
Cr-Mo- ⎬	100 $\cdots$ 140	40 $\cdots$ 60	60 $\cdots$ 80
	160 $\cdots$ 200	20 $\cdots$ 30	30 $\cdots$ 40
Cr-Va-Stahl	100	25 $\cdots$ 45	45 $\cdots$ 80
Rostfreier Stahl	60 $\cdots$ 70	40 $\cdots$ 60	60 $\cdots$ 90
Manganhartstahl 12 % Mn		10 $\cdots$ 25	25 $\cdots$ 40
Stahlguß	40 $\cdots$ 50	90 $\cdots$ 120	120 $\cdots$ 160
	50 $\cdots$ 60	60 $\cdots$ 90	90 $\cdots$ 120

Nach einer Mitteilung von A. Fehse[1] kann auch gehärteter Werkstoff und Glas abgedreht werden. Bei einem gehärteten Bolzen aus Schnellstahl (260 kg/mm² Zugfestigkeit, ≈ 680 kg/mm² Brinellhärte) konnte eine Schnittgeschwindigkeit von 24 m/min angewandt werden. Es ist jedoch notwendig, mit einer sog. hängenden Schneide (λ positiv) nach Abb. 13 zu arbeiten. Der Werkstoff läuft in Lockenform ab. Die Oberflächenbeschaffenheit ist sehr gut.

---

[1] Masch.-Bau Bd. 12 (1933) S. 447.

Diamanten. Der Diamant kommt nur für Schlicht- und Feinstbearbeitung in Frage. Diamant und Hartmetall sollen einander nicht ersetzen, sondern ergänzen. Die Diamanten haben außer bei gehärtetem Stahl noch keine zufriedenstellenden Ergebnisse gezeigt, weder bei legierten und unlegierten Stählen noch bei Stahlguß, dagegen sind die bei den Nichteisenmetallen erzielten Erfolge zufriedenstellend[1].

Feinschnitt. Die vorstehenden Richtwerte für das Drehen gelten für den Grobschnitt (auch Schruppschnitt genannt). Es muß nun noch einiges über den Feinschnitt gesagt werden.

Eine genaue Abgrenzung zwischen Grobschnitt und Feinschnitt gibt es leider noch nicht. Es hängt dies auch von den Betrieben ab. Was für den einen Grobschnitt ist, kann für den anderen schon Feinschnitt sein. Die bisher ausgefahrenen Standzeitversuche gelten bis zu einer unteren Grenze von etwa 1 mm Spantiefe und 0,5 mm/U Vorschub, d. h. also bis

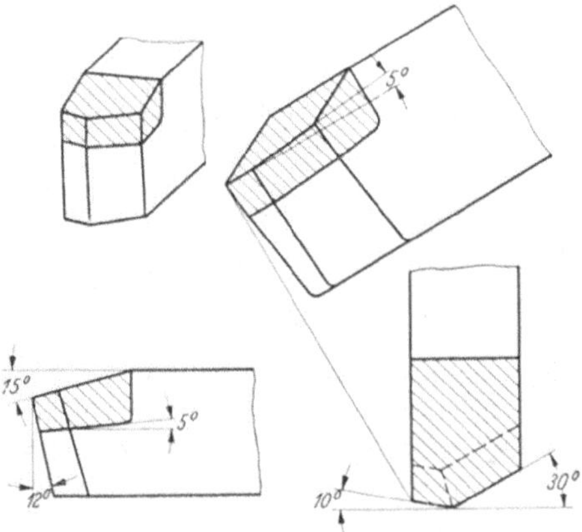

Abb. 13. Hartmetallmeißel für Drehen von gehärtetem Stahl.

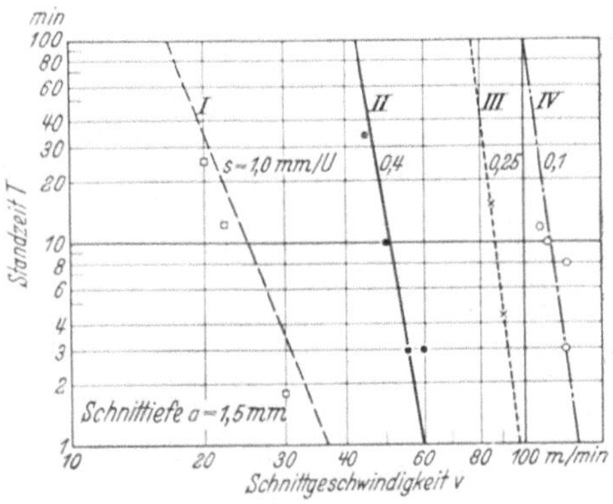

Abb. 14. Standzeitkurven.

zu einem Spanquerschnitt von 0,5 mm². Bis zu diesem Wert gelten auch die Zerspanungsschaubilder mit genügender Genauigkeit.

Man könnte nun zweckmäßigerweise alle Spanquerschnitte unter 0,5 mm² als Feinschnitt bezeichnen. Für diese kleinen Spanquerschnitte sind die Zusammenhänge noch nicht genügend erforscht. Es wäre sehr zu begrüßen, wenn die kleinen Vorschübe von 0,5 bis etwa 0,08 in Standzeitkurven gefahren würden. In Abb. 14 sind die Standzeitkurven für gleiche Spantiefe unter verschiedenen Vorschüben aufgetragen[2]. Man ersieht daraus, daß mit kleiner werdendem Vorschub die Geraden im logarithmischen Feld steiler liegen, so daß die Schnittgeschwindigkeitsänderung in Abhängigkeit von der Standzeit stärker ist als bei großen Vorschüben.

Besondere Sorgfalt müßte man bei den Standzeitversuchen mit ganz kleinen Spanquerschnitten auch den Abstumpfungskennzeichen der Drehmeißel zuwenden.

Die Schnittkräfte sollen gering sein, um die Zerspanbarkeit zu erleichtern und um Werkzeug und Maschine zu schonen. Die zahlenmäßige Bestimmung der Schnittkraft dient als Rechnungsgrundlage für die Konstrukteure der Maschinen und Werkzeuge.

Die beim Drehen auftretende Kraft wird mit hydraulischen oder elektrischen Meßdosen bestimmt. Eine solche Meßvorrichtung muß die auf den Drehmeißel

---

[1] Fess, E.: Über die beim Diamantdrehen erzielbare Oberflächengüte. Diss. T. H. Berlin 1939.
[2] Schwerdfeger: Masch.-Bau Bd. 15 (1936) S. 67.

wirkende Gesamtkraft in 2 oder 3 Richtungen zerlegen und jede Komponente durch geeignete Geräte anzeigen.

Man bezeichnet sie nach Abb. 15 wie folgt:

H = Hauptschnittkraft (Spandruck) kg, V = Vorschubkraft kg, R = Rückkraft (Schaftkraft) kg.

Die Hauptschnittkraft H ist ein Vielfaches von V und R. Das Verhältnis ist etwa $5 : 1 : 2$. Es genügt daher, den Berechnungen den Wert von H zugrunde zu legen.

Wenn lediglich die Abstumpfung des Drehmeißels (als Ergänzung des Verfahrens der Blankbremsung) festgestellt werden soll, begnügt man sich mit der Ermittlung von V oder R, die dann plötzlich stark ansteigen.

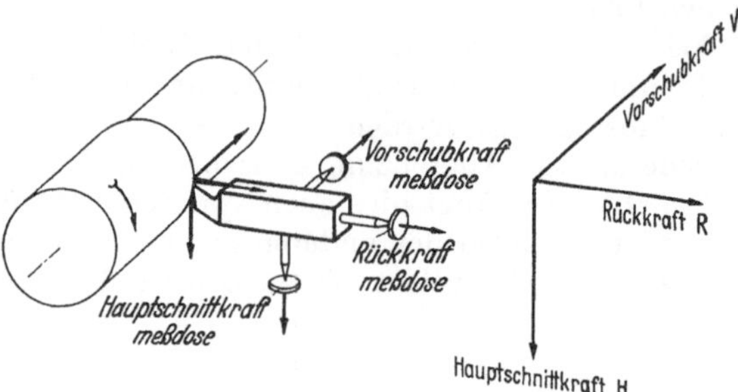

Abb. 15. Schematische Anordnung und Wirkungsweise der Kräfte beim Drei-Komponenten-Meßstahlhalter.

Die Schnittkraft ist unabhängig von:

a) der Schnittgeschwindigkeit innerhalb der praktischen Grenzen,

b) dem Werkstoff der Werkzeuge.

Dagegen ist sie abhängig von:

1. der Festigkeit der Werkstoffe und dem Spanquerschnitt,

2. der Form der Werkzeugschneiden,

3. dem verwendeten Kühlmittel.

Zu 1: Mit steigender Festigkeit und mit großem Spanquerschnitt nimmt H zu. Abb. 16 gibt hierfür praktisch ermittelte Werte. Man findet sehr oft Angaben, um aus der Festigkeit und dem Spanquerschnitt mit Hilfe von Konstanten den Wert für den Schnittdruck zu errechnen. Diese Konstanten sind sehr ungenau, und man benutzt besser praktisch ermittelte Schnittdruckwerte.

Zu 2: Die Standzeit eines Drehmeißels wird, wie auf S. 11 gezeigt wurde, sehr durch den Einstellwinkel $\varkappa$ beeinflußt. $\varkappa$ macht sich auch bei den Schnittdrücken bemerkbar: Mit kleinerem $\varkappa$ nehmen H und R ab, während V zunimmt.

Auch der Spanwinkel γ ist von Bedeutung, da H, V und R mit kleiner werdendem γ zunehmen.

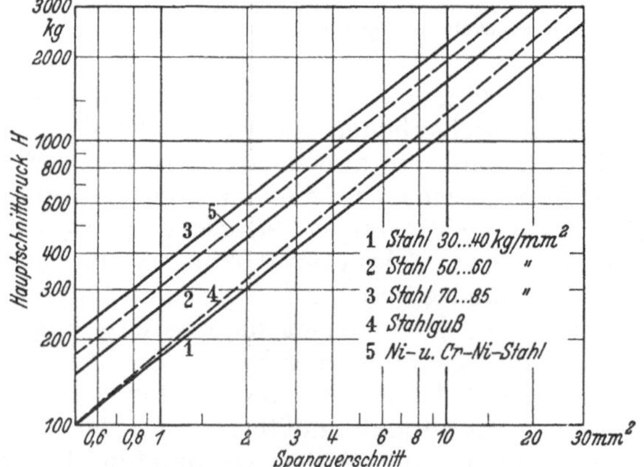

Abb. 16. Hauptschnittdrücke für Schnellstahlwerkzeuge beim Drehen.

Diese Zusammenhänge zwischen den Schnittdrücken und den Meißelwinkeln muß man beachten, wenn Rattererscheinungen auftreten.

Zu 3: Eine richtig ausgewählte Schneidflüssigkeit beeinflußt lt. Boston und Oxford[1] bei Hobelversuchen, die sich unmittelbar mit dem Drehvorgang vergleichen lassen, den Schnittdruck günstig.

---

[1] Deutsche Übersetzung von Schallbroch: Masch.-Bau Bd. 12 (1933) Heft 15/16 S. 395.

Bei einem Chromnickelstahl, etwa entsprechend unserem VCN 15, betrug die Verringerung 15% gegenüber trockenem Schnitt und auch gegenüber Kühlung mit Kühlmittelölen.

Nach N. N. Sawin[1] erfordert das Zerspanen von Metall bei Vorhandensein innerer Spannungen weniger Kraft, wie auch bearbeitete Flächen bei bestehenden Oberflächenspannungen sich schneller abnutzen. Drehen von Chromnickelstahl nach Entspannungsglühen und 3 Monate langem Lagern erforderte rd. 20 % mehr Kraft.

Die Oberflächengüte. Von den gedrehten Teilen wird verlangt, daß sie bei der vorgeschriebenen Maßgenauigkeit eine glatte und gesunde Oberfläche haben. Schon früh hat man erkannt, daß die Schnittgeschwindigkeit von großem Einfluß ist. Abb. 17 gibt einen

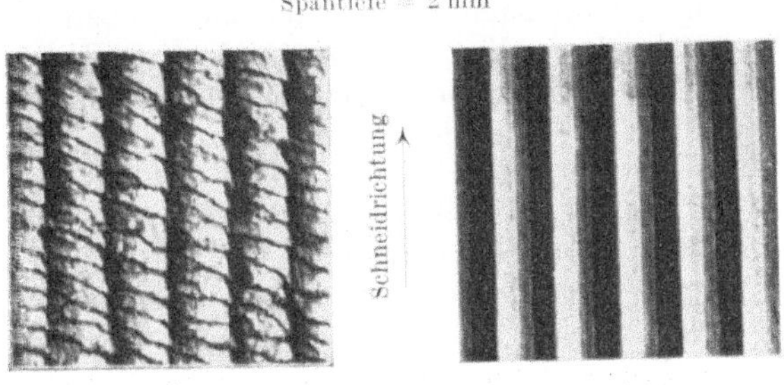

Abb. 17. Oberflächenaussehen beim Drehen.

Anhalt, wie groß die Unterschiede sein können[2]. Die Erhebungen sind die einzelnen Vorschubrillen. Diese praktischen Versuche wurden dann von Rapatz[3] fortgesetzt. Hierbei ergab sich, daß bei Werkstoffen höherer Festigkeit die gesunde Oberfläche schon bei geringerer Geschwindigkeit auftritt als bei solchen mit niedriger Festigkeit. Ein weicher Flußstahl mit 0,18 C und 35,6 kg/mm² Festigkeit hatte bei 2 mm Spantiefe und 1,2 mm/U Vorschub erst bei etwa 40 m/min Schnittgeschwindigkeit eine gute Oberfläche. Bei einem vergüteten VCN 35 von 69 kg/mm² Festigkeit war dies bei gleichem Spanquerschnitt schon bei 20 m/min der Fall. Ähnlich wie die Festigkeit wirkt sich auch die Spanstärke aus. Je größer der Spanquerschnitt ist, desto früher tritt die gesunde Oberfläche auf.

Die Zusammensetzung und der Gefügezustand des Werkstoffes sind auch von großem Einfluß auf die Oberflächengüte. Bei rostfreien Stählen wird schon bei verhältnismäßig geringer Geschwindigkeit eine gute Oberfläche erzielt. Dagegen muß bei Werkzeugstahl mit etwa 1% C schon eine höhere Geschwindigkeit angewendet werden. Bei zu starker Weichglühung und dadurch zu starker Zusammenballung der Karbide

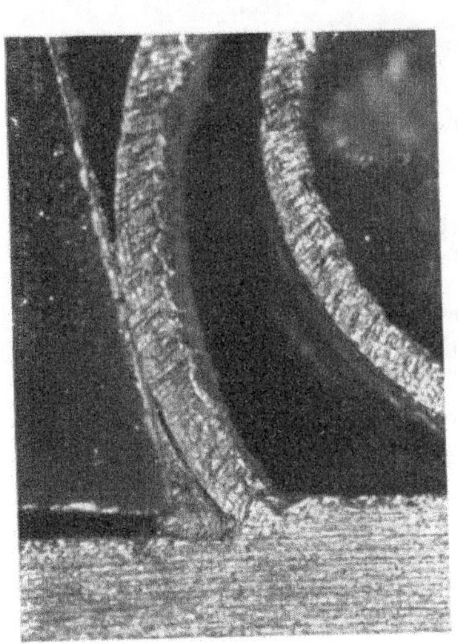

Abb. 18. Spanentstehung bei kleiner Schnittgeschwindigkeit (Bildung einer Aufbauschneide am Schneidstahl) nach Schwerd.

wird die Oberfläche leicht sehr schlecht. Bei Kugellagerstahl, bei dem ganz gesunde Oberflächen verlangt werden, sollen ähnlich wie bei den Werkzeugstählen höhere Geschwindigkeiten angewendet werden. Die ganzen Betrachtungen über

[1] Machinery, Lond., Bd. 53 (1939) Nr. 1380, S. 802.
[2] Krekeler: Die Prüfung der Bearbeitbarkeit der legierten Stähle für den Kraftfahrzeugbau durch spanabhebende Werkzeuge. Dissertation, Aachen 1927.
[3] Rapatz: Arch. Eisenhüttenwes. Heft 11 (1930) S. 717.

die Oberflächengüte gelten natürlich nur für ein unverletztes Werkzeug. Auch muß der Span ungehindert ablaufen können.

Später kam man dann durch nähere Untersuchung der Spanbildung zu wesentlichen Erkenntnissen[1,2,3]. Abb. 18 zeigt bei geringer Geschwindigkeit das Vorhandensein eines Schneidenansatzes (auch Aufbauschneide genannt). Der keilförmige Schneidenansatz trennt den Span durch Bildung eines Risses vom Werkstück (Reißspan). Dieser Riß neigt dazu, bald nach innen, bald nach außen zu laufen, wobei die Aufbauschneide sich häufig ablöst und neu bildet. Dadurch entsteht dann eine rauhe Oberfläche. Bei hohen Geschwindigkeiten (Abb. 19) verschwindet der Schneidenansatz, und es bildet sich der sog. Fließspan. Dieser Fließspan ist immer anzustreben, da hierbei eine gesunde Oberfläche entsteht. Abb. 20 läßt erkennen, wie die Oberfläche bei den verschie-

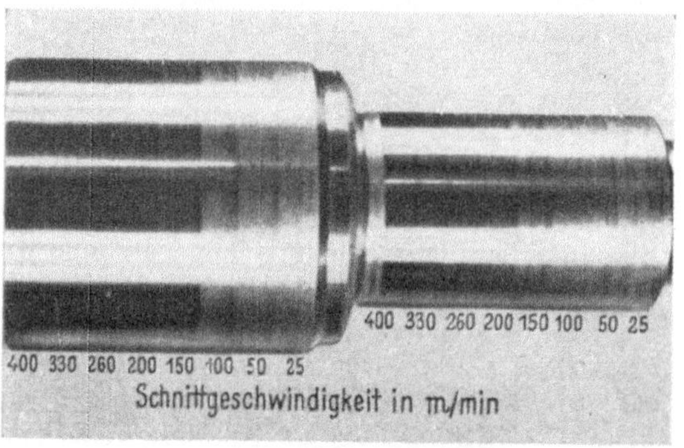

Abb. 19. Spanentstehung bei hoher Schnittgeschwindigkeit (glatte Schneide) nach SCHWERD.

Abb. 20. Werkstück (SM-Stahl 60···70 kg/mm²), das auf der Drehbank bei gleichem Vorschub mit verschiedenen Schnittgeschwindigkeiten bearbeitet wurde.

denen Schnittgeschwindigkeiten aussieht und daß bei 150 m/min Schnittgeschwindigkeit bei dem untersuchten Werkstoff der Fließspan und damit die gesunde Oberfläche gebildet wird.

Der Einblick in die Spanbildung wird durch neue Verfahren von SCHWERD[4], bei denen während der Zerspanung Filmaufnahmen gemacht werden, wesentlich gefördert. Neuerdings ist auch noch eine genaue Temperaturmessung an einer großen Anzahl von Einzelpunkten hinzugekommen, wodurch die Deutung der Spanablaufbilder wesentlich ergänzt wird.

C. Bohren.

Die Ermittlung der Bohrbarkeit ist auch rein versuchstechnisch schwieriger als die der Drehbarkeit. Beim Bohren hat man keinen freien Schnitt und Spanablauf wie beim Drehen. Es kommt noch hinzu, daß die Form des Bohrers von sehr großem Einfluß auf die Zerspanung ist. Durch eine Reihe von guten Untersuchungen hat man jedoch schon einen großen Teil der Schwierigkeiten klären können.

[1] SCHWERD: Stahl u. Eisen Bd. 51 (1931) S. 481.
[2] MOLL: Herstellung hochwertiger Drehflächen. Bericht über betriebswissenschaftliche Arbeiten Bd. 14.
[3] GOTTSCHALD: TZ 1940 Heft 17/18.   [4] Z. VDI Bd. 80 (1936) S. 233.

Schnittgeschwindigkeit. Genau wie beim Drehen benötigt man zunächst die Schnittgeschwindigkeit. Als Kennzeichen für die Bohrbarkeit hat man jedoch nicht den v_{60}-Wert eingeführt, sondern den v_{L2000}-Wert. Dies geschieht aus rein praktischen Gründen. Da man beim Bohren immer nur Einzellöcher von verhältnismäßig geringer Tiefe bohren kann, ist die Zeit des Unterschnittstehens sehr kurz. Bei Bohrversuchen von 1 h Dauer müßte man mit Gesamtlochtiefe von 20 m und mehr fahren. Dies würde nicht nur großen Zeitverbrauch, sondern auch großen Werkstoffverbrauch bedeuten. Man geht daher so vor, daß man zunächst Abstumpfungsversuche macht, indem der Bohrer Einzellöcher bestimmter Tiefe bis zur Abstumpfung bohrt. Durch Zusammenzählen der Einzellochtiefen ermittelt man die gesamt erreichte Bohrlänge L in mm bis zur Abstumpfung. Durch Veränderung der Schnittgeschwindigkeit stellt man dann ähnlich den T-v-Kurven die L-v-Kurven auf. Man gibt also nicht die Zeit an, da die gemessenen Zeiten bei den kleinen Einzellochtiefen immer nur sehr ungenau ausfallen würden. Außerdem gibt die Gesamtzeit beim Bohren keinen so anschaulichen Maßstab, weil das Werkzeug ja immer nur sehr kurze Zeit unter Schnitt steht. Man hat die Länge auf 2000 mm festgesetzt, da von diesem Wert an der Kurvenverlauf in allen Fällen eindeutig festliegt. Außerdem läßt sich dieser Wert noch versuchsmäßig ohne zu großen Werkstoffverbrauch ermitteln. Die Kennzahl für die Bohrbarkeit v_{L2000} nennt also die Schnittgeschwindigkeit, bei der man unter bestimmten Versuchsbedingungen eine Gesamtbohrlänge von 2000 mm erreichen kann, bis der Bohrer wegen Abstumpfung neu angeschärft werden muß[1]. Je höher die v_{L2000}-Zahl ist, desto leichter läßt sich der Werkstoff bohren. Die v_{L2000}-Zahl ist auch in der Praxis durchaus gebräuchlich[2].

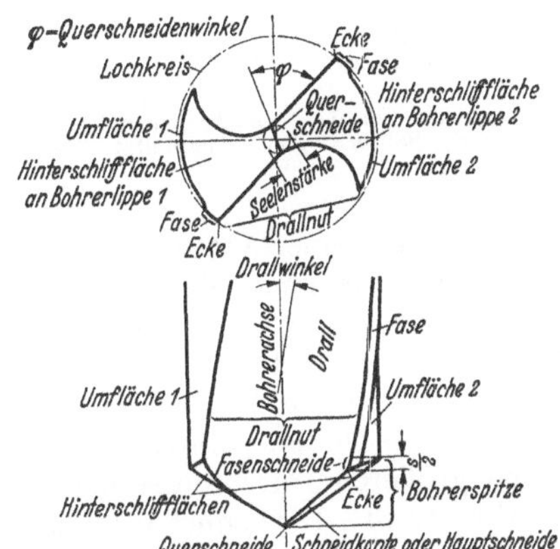

Abb. 21. Bezeichnungen am Spiralbohrer.

Beim Drehen läßt sich die **Abstumpfung** des Meißels durch die Blankbremsung oder das Ansteigen des Rück- oder Vorschubdruckes ermitteln. Beim Bohren ist die Beobachtung an der Schnittstelle nicht möglich, weshalb man nur den Anstieg der Schnittkräfte (Drehmoment und Vorschubdruck) und Kreischen des Bohrers als Kennzeichen für die Schneidenzerstörung benutzt. Man unterscheidet: Eckenabstumpfung, Fasenabstumpfung und Querschneidenabstumpfung. Die Bezeichnungen am Spiralbohrer sind aus Abb. 21 zu ersehen. Die Eckenabstumpfung tritt am häufigsten und die Querschneidenabstumpfung am seltensten auf. Der Bohrerdurchmesser und die Bohrerlänge sind aber von Einfluß. Um die zusätzlichen Beanspruchungen, die beim Durchtritt des Bohrers beim Bohren von Durchgangslöchern entstehen, auszuschalten, werden bei solchen Versuchen nur Sacklöcher im Vollen gebohrt. Man läßt zur Sicherheit meist 10 mm Werkstoff stehen. Die zur Bestimmung der v_{L2000}-Zahl notwendige L-v-Kurve hat einen ähnlichen Verlauf wie die T-v-Kurve und ergibt im doppellogarithmischen Feld eine gerade Linie (Abb. 22).

---

[1] Zerspanbarkeitsuntersuchungen an Spiralbohrern. Bericht über betriebswissenschaftliche Arbeiten Nr. 8, 1932. VDI-Verlag. Dieser Arbeit sind die nachstehenden Werte entnommen.

[2] OPITZ u. JANSEN: Bohrbarkeitsuntersuchungen an unlegierten Stählen. Arch. Eisenhüttenwes. 37/38, Heft 8 S. 385···391.

Wenn man diese L-v-Kurven für Werkstoffe verschiedener Festigkeit ermittelt, ergeben sich gute Unterschiede in der Bohrbarkeit (Abb. 23).

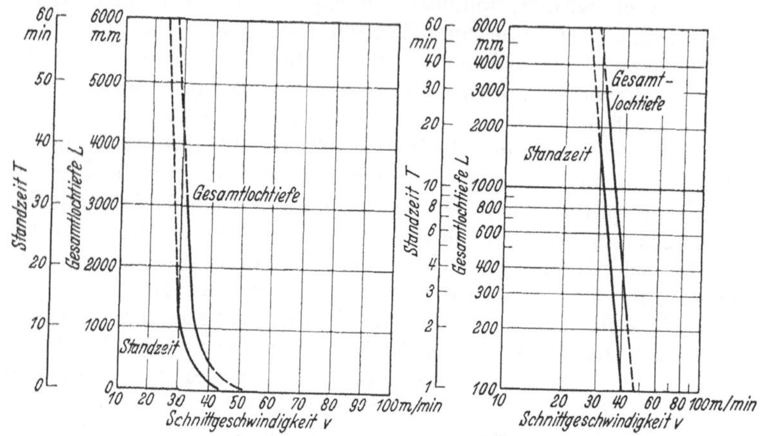

Abb. 22. Gesamtlochtiefe L und Standzeit T eines Bohrers in Abhängigkeit von der Schnittgeschwindigkeit v. Werkstoff SM-Stahlguß, 50 kg/mm² Festigkeit, Vorschub $s = 0,56$ mm/U. Bohrer 22 mm ⌀ zugespitzt. Einzellochtiefe 66 mm.

Nun wäre es sehr einfach, ähnlich wie beim Drehen aus einer Vielzahl solcher Versuchsergebnisse wieder eine Bestimmungstafel zusammenzustellen. Hierzu müssen aber noch nachstehende Punkte berücksichtigt werden.

Einfluß des Bohrerdurchmessers. Unter sonst gleichen Schnittbedingungen zeigten die Bohrer größeren Durchmessers auch einen höheren Wert der v_{L2000} (Abb. 24). Diese Überlegenheit besteht auch, wenn man bei den größeren Durchmessern größere Einzellochtiefen wählt. Dies rührt vor allen Dingen daher, daß in der Drallnut bei den größeren Bohrerdurchmessern ein verhältnismäßig größerer Raum zur guten und leichten Förderung der Späne zur Verfügung steht.

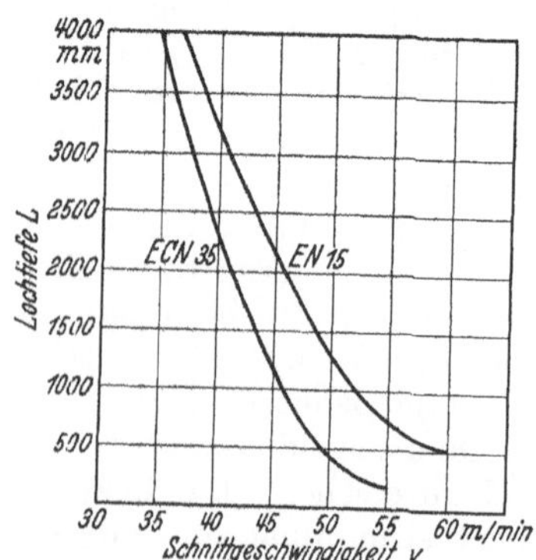

Abb. 23. Bis zur Abstumpfung erreichte Lochtiefe in Abhängigkeit der Schnittgeschwindigkeit. Abstumpfungskurven eines guten Bohrers bei einem Vorschub $s = 0,2$ mm/U.

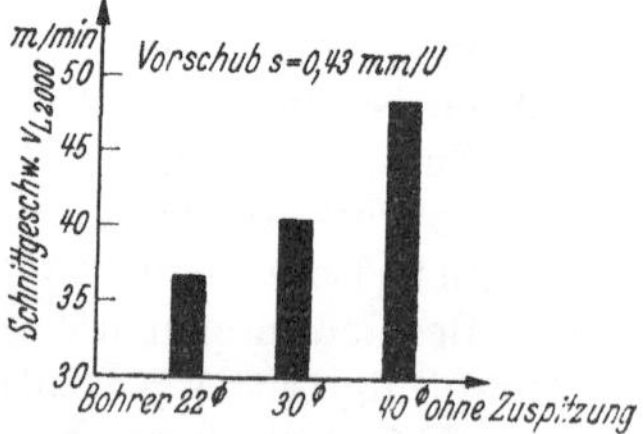

Abb. 24. Einfluß des Bohrerdurchmessers auf den v_{L2000}-Wert. Werkstoff: Stg 45.81, Kühlung: Kühlmittelöl 1 : 15, 8 l/min, Lochtiefe $l = 50$ mm

Einfluß der Lochtiefe auf die Schneidhaltigkeit. Bei der Ermittlung der L-v-Kurven wird, wie schon erwähnt, die gesamte bis zur Abstumpfung erreichte Bohrlänge aus den Einzelbohrungen zusammengestellt. Für diese Einzelbohrungen wurde ein bestimmtes Maß, z. B. 50 mm, zugrunde gelegt. Der Vollständigkeit halber muß nun aber auch geprüft werden, wie sich die L-v-Kurven und damit v_{L2000} ändern, wenn die Einzellochtiefe geändert wird. Dies stimmt auch mit den Anforderungen der Praxis überein. Es zeigte sich, daß mit steigender Lochtiefe v_{L2000} geringer wurde, und zwar bei kleinerem Bohrerdurchmesser stärker als bei größerem Durchmesser. Abb. 25 zeigt die Werte für Einzellochtiefen bis 200 mm und Bohrerdurchmesser bis 45 mm. Die Abnahme der v_{L2000} mit steigender Lochtiefe ist dadurch begründet, daß infolge der schlechteren Wärmeableitung und der schlechten Späneabfuhr im Innern des Loches mit zunehmender Tiefe eine Verfestigung des Werkstoffes eintritt. In Abb. 26 ist gezeigt, daß die Rockwellhärte, gemessen in der aufgeschnittenen Bohrung, mit zunehmender Lochtiefe größer wird.

Einfluß des Vorschubes. Es war zu erwarten, daß ähnlich dem Drehvorgang der Vorschub von großem Einfluß ist. Abb. 27 zeigt als Beispiel die Abnahme der v_{L2000}-Werte mit steigendem Vorschub für die angegebenen Spanbedingungen. Für andre Werkstoffe und andere Spanabmessungen sind die Zusammenhänge ähnlich.

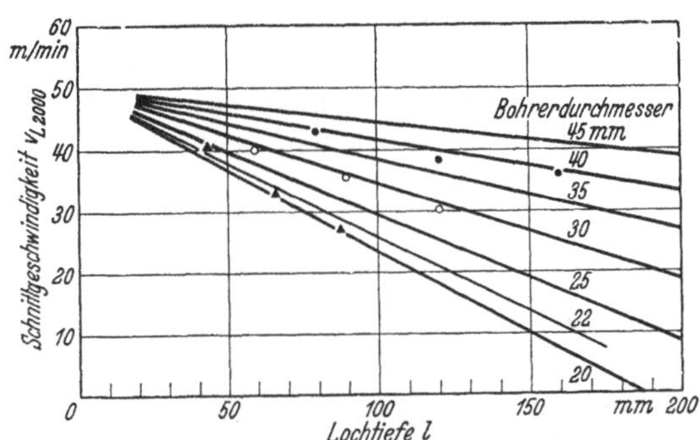

Abb. 25. v_{L2000}-Bestimmungstafel für das Bohren von Stahlguß Stg 45.81. Vorschub $s = 0,56$ mm/U const.

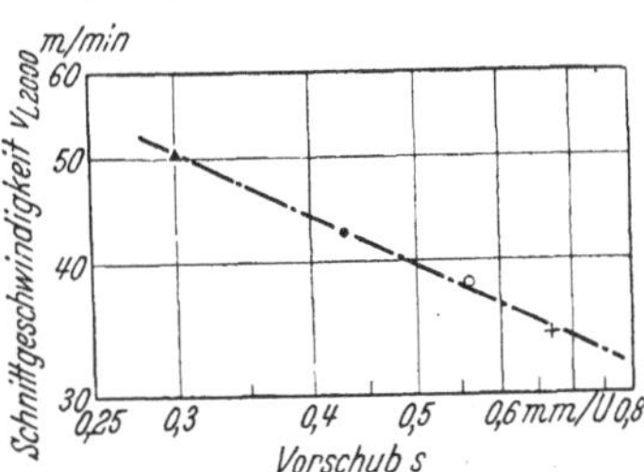

Abb. 27. Werte der Schnittgeschwindigkeit für eine bis zur Abstumpfung erreichte Bohrlänge von 2000 mm in Abhängigkeit vom Vorschub. Werkstoff: Stg 38.81, Bohrer: 22 mm $\varnothing$ ohne Zuspitzung, Lochtiefe: $l = 50$ mm.

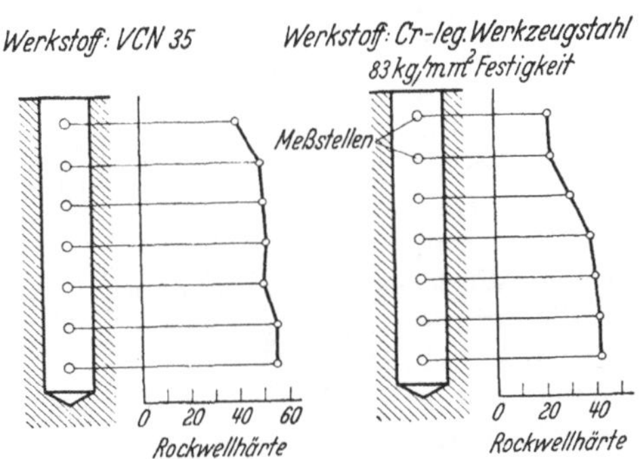

Abb. 26. Rockwellhärte in Abhängigkeit von der Lochtiefe. Vorschub 0,26 mm/U. Vorschub 0,33 mm/U. Schnittgeschwindigkeit 15 m/min, Spiralbohrer 20 mm $\varnothing$, Diamantspitze 100 kg Belastung, Kühlung: Kühlmittelöl.

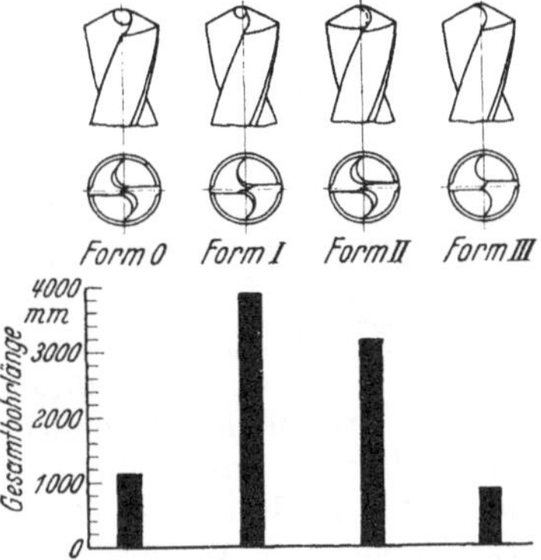

Abb. 28. Einfluß der Zuspitzungsform der Spiralbohrerseele auf die Bohrleistung, Werkstoff: Stg 50.81, Bohrer: 25 mm $\varnothing$, Vorschub: $s = 0,82$ mm/U, Schnittgeschwindigkeit: $v = 28$ m/min, Lochtiefe: $l = 50$ mm.

Einfluß des Hinterschliffes auf die Schneidhaltigkeit. Die Größe des Hinterschliffes beeinträchtigt, wie dies auch schon bei älteren Forschungsarbeiten festgestellt wurde, die Schneidhaltigkeit des Bohrers nicht.

Einfluß der Zuspitzung der Spiralbohrerseele (Querschneidenbreite). An der Querschneide kann der Spiralbohrer nicht frei zerspanen, sondern nur stauchen und wegdrücken. Die Zuspitzung bezweckt eine Verringerung der Querschneidenbreite und einen besseren Auslauf der Hauptschneide an der Querschneide, um so einwandfrei zerspanen zu können. In der Praxis hat man an sich schon den Vorteil der Zuspitzung erkannt. Nur war man sich über die richtige Form nicht immer klar. Abb. 28 gibt einen guten Überblick für die möglichen Ausbildungsformen[1].

____
[1] Näheres s. Heft 15 der Werkstattbücher: Bohren.

Aus den Werten der erreichten Bohrlänge ist zu ersehen, daß die Zuspitzung nach Form I und II Vorteile ergibt. Es soll immer mit einer Maschine und nicht von Hand zugespitzt werden. Die Zuspitzung wirkt auch günstig auf den Bohrdruck (Vorschubkraft), weil die Querschneide den größten Teil des Bohrdruckes erzeugt.

Einfluß der Bohrerabstückung auf die Schneidhaltigkeit. Aus Festigkeitsgründen läßt man die Spiralbohrerseele von der Spitze zum Schaft hin um etwa 40% dicker werden. Wird nun im Gebrauch der Spiralbohrer häufig nachgeschliffen, so nimmt die Querschneidenbreite entsprechend zu. Gemäß den Ausführungen im vorhergehenden Abschnitt wird dadurch die Standzeit ungünstiger.

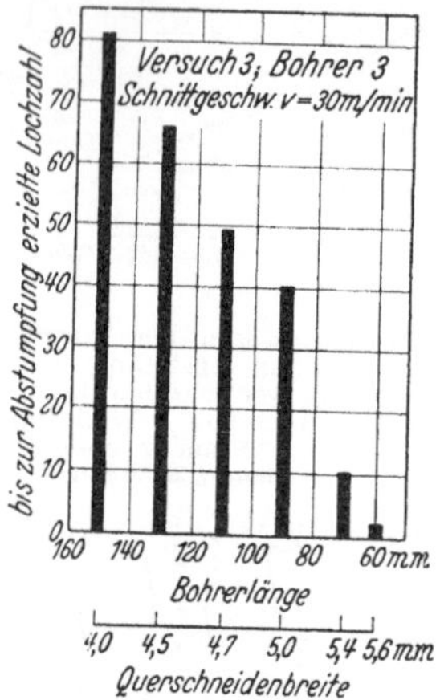

Abb. 29. Einfluß des Bohrerabschliffs auf die Schneidhaltigkeit. Werkstoff: Stg 45.81, Vorschub: $s = 0{,}82$ mm/U, Bohrer: 22 mm ⌀ ohne Zuspitzung, Lochtiefe: $l = 50$ mm.

Abb. 29 zeigt, wie mit kürzer werdendem Bohrer die bis zur Abstumpfung erreichte Lochzahl sehr stark abnimmt. Sobald man aber die Querschneide durch Zuspitzung auf gleicher Breite, z. B. 3 mm, hält, ist die erreichte Lochzahl fast gleich.

Einfluß der Festigkeit auf die Bohrbarkeit. Beim Drehen konnte man sagen, daß mit zunehmender Festigkeit des Werkstoffes die Drehbarkeit schlechter wird. Das gleiche trifft auch für das Bohren zu. Für die Stähle der DIN 1662 (Nickel- und Chromnickelstahl) ist die Streuung der Werte ganz gering, während sie für Stahlguß noch groß ist. Dies liegt wahrscheinlich daran, daß dem gegossenen Werkstoff die gründliche Durcharbeitung fehlt, die auf die Zerspanbarkeit ausgleichend wirkt. Abb. 30 zeigt für die Stähle nach DIN 1662 aber noch, wie man durch besonderen, dem Werkstoff angepaßten Anschliff des Bohrers die v_{L2000}-Zahl gegenüber der normalen erhöhen kann (Kurve b). Dies gilt besonders für die Werkstoffe geringer Festigkeit, die als „klebend" bekannt sind.

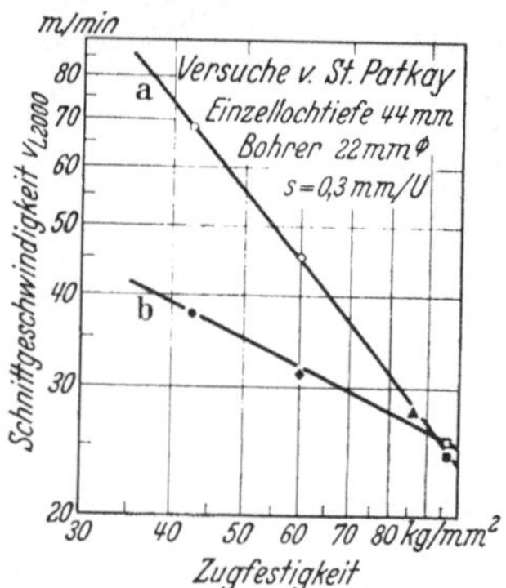

Abb. 30. Die Bohrbarkeitskennziffer der Werkstoffe EN 15, ECN 35, VCN 15, VCN 35 in Abhängigkeit von der Zugfestigkeit (nach Versuchen von St. Patkay).

Einfluß der Legierung auf die Bohrbarkeit. Beim Kohlenstoffgehalt gilt das gleiche wie beim Drehen: Je höher der Kohlenstoffgehalt, desto schlechter die Bohrbarkeit. Das gleiche gilt für den Siliziumgehalt. Für Phosphor- und Schwefelgehalt ließen sich keine sicheren Schlüsse ziehen.

Bei Stahlguß zeigt sich, daß die Ni- und Cr-Ni-legierten Stähle schwerer zu bohren sind als die unlegierten. Beim Drehen war dieser Unterschied nicht festgestellt worden. Daher kann man bei der Betrachtung der Bohrbarkeit Stahl und Stahlguß nicht so zusammenfassen wie beim Drehen.

Bei einem Cr-Ni-Stahlguß zeigte sich außerdem noch ein großer Einfluß der Wärmebehandlung. In Abb. 31 ist trotz gleicher Analyse die Bohrbarkeit infolge der Glühbehandlung verschieden.

Richtwerte für die Werkstatt. Wie aus vorstehender Aufzählung der wichtigsten Punkte ersichtlich ist, muß man bei der Beurteilung der Bohrbarkeit eine Viel-

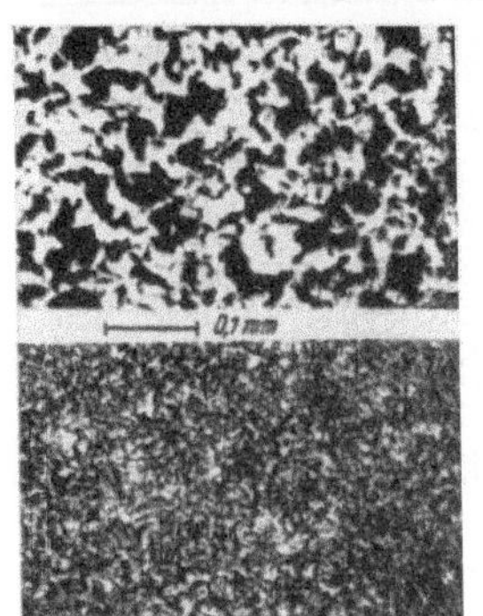

zahl von Einflußgrößen berücksichtigen. Trotzdem ist es gelungen, durch die v_{L2000}-Bestimmungstafeln Richtwerte für die Werkstätten aufzustellen. Für das Bohren der legierten Stähle DIN 1662 ist die Tafel Abb. 32 aufgestellt worden. Allerdings muß die Einschränkung gemacht werden, daß sie nur für Bohrer von 22 mm Durchmesser und eine Einzellochtiefe von 50 mm gilt. Es wurde ja in den vorhergehenden Abschnitten darauf hingewiesen, daß der Bohrerdurchmesser und die Einzellochtiefe von großem Einfluß auf die v_{L2000}-Zahl sind.

Für die Kohlenstoffstähle liegen noch nicht genügend Ergebnisse vor, jedoch lassen sich nach den Versuchen von PATKAY und WOXEN schon Richtwerte für 2 Vorschübe aufstellen (Abb. 33). Eine gute Vergleichsmöglichkeit für die Bohrbarkeit von C-Stahl, Stahlguß (DIN 1681) und Cr-Ni-Stählen (DIN 1662) gibt Abb. 34.

		σ_B kg/mm²	σ_s kg/mm²	δ %	C	Mn	Si	Ni	Wärmebehandlunng	v_{L2000}
W 16	Cr-Ni-leg. Stg. geglüht	53,35	34,4	26,45	0,21	0,52	0,33	1,61	In 3 h auf 700° abgekühlt, in 45 h auf 50° abgekühlt, an der Luft erkaltet	22 m/min
W 17	Cr-Ni-leg. Stg. vergütet	54,75	34,7	22,55	0,20	0,53	0,35	1,62	Von 900° in Öl abgeschreckt, 3 h in Öl auf 680° angelassen, im Ofen abgekühlt	18 m/min

Abb. 31. Einfluß der Wärmebehandlung von Cr-Ni-leg.-Stahlguß von gleichen Festigkeitseigenschaften auf die Bohrbarkeit.

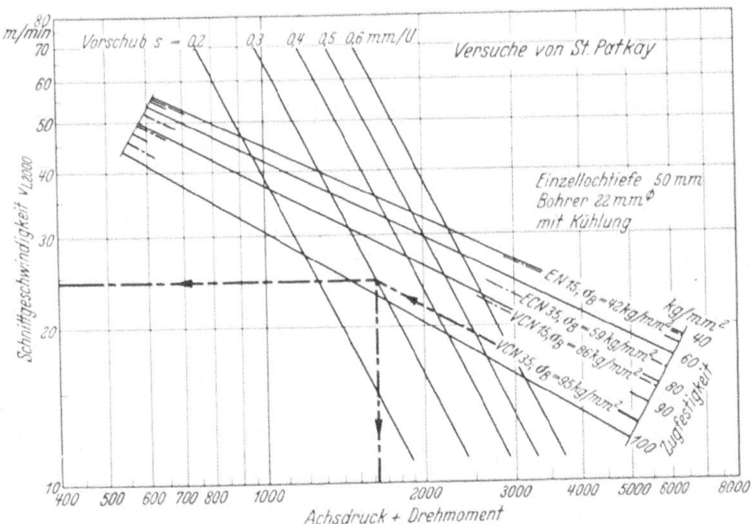

Abb. 32. Bestimmungstafel der Bohrbarkeitskennziffer (anwendbare Schnittgeschwindigkeit) v_{L2000} für das Bohren von Cr-Ni-Stahl.
Gilt nur für Bohrer 22 mm ⌀ und Lochtiefe = 50 mm.

Zum Schluß sei noch auf eine Zusammenstellung von Schnittgeschwindigkeiten und Vorschüben hingewiesen, wie sie von DINNEBIER und STOEWER[1]

[1] Werkstattbücher Heft 15 S. 32 u. 34.

auf Grund praktischer Erfahrungen gegeben wurde. Es zeigt sich, daß die Einordnung der Werkstoffe und die Schnittgeschwindigkeitswerte mit den Versuchsergebnissen ganz gut übereinstimmen:

Bei der Verwendung von gehärteten Bohrbüchsen ist die Schnittgeschwindigkeit zu verringern, damit die Bohrerfase sich an der Wand der Bohrbüchse nicht zu sehr abnutzt.

Bohren mit Werkzeugstahl. Bei der Verwendung von Bohrern aus Werkzeugstahl soll man im allgemeinen $^1/_3$ bis $^1/_2$ der Geschwindigkeiten und Vorschübe anwenden, wie sie für Schnellstahl üblich sind.

Werkstoff	Bohrer ⌀ mm	Schnittgeschwindigkeit $v =$ m/min	Vorschub s mm/U
Stahl bis 50 kg/mm²	1···10	25···35	0,05···0,18
	10···25	35···45	0,18···0,25
50···70 kg/mm²	1···10	25···30	0,05···0,18
	10···25	25···40	0,18···0,25
80···90 kg/mm²	1···10	15···28	0,03···0,12
	10···25	15···28	0,12···0,25

Bohren mit Hartmetallwerkzeugen. Man verwendet Hartmetallbohrer zum Bohren im vollen Werkstoff und dort, wo Schnellstahlwerkzeuge versagen, also bei Mangan-

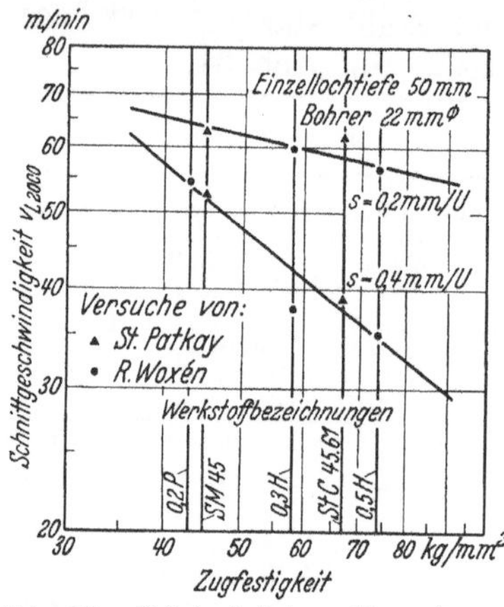

Abb. 33. Bohrbarkeitskennziffer (anwendbare Schnittgeschwindigkeit) v_{L2000} für C-Stahl in Abhängigkeit von der Festigkeit für Vorschübe 0,2 und 0,4 mm/U, Bohrer 22 mm ⌀.

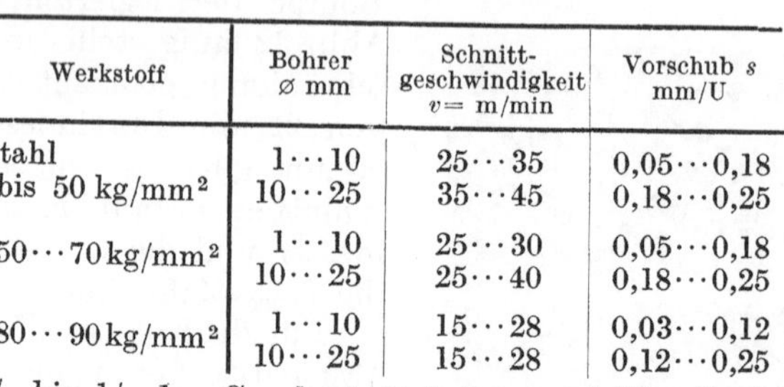

Abb. 34. Bohrbarkeitskennziffer (anwendbare Schnittgeschwindigkeit) in Abhängigkeit von der Festigkeit von Ge, Stg, C- und Cr-Ni-Stahl für Vorschub $s = 0,4$ mm/U, Bohrer 22 mm ⌀.

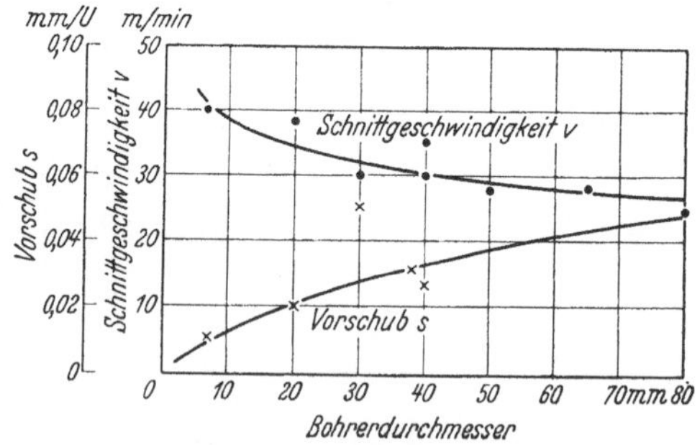

stählen, Hartguß, gehärtetem Stahl usw. Bei Manganstählen erreicht man Schnittgeschwindigkeiten von 10 bis 20 m/min bei einem Vorschub von 0,05 mm/U. Man soll bei Hartmetallwerkzeugen immer hohe Schnittgeschwindigkeiten und kleine Vorschübe anwenden. Es müssen aber alle Schwingungen ferngehalten werden. Für die eigentlichen Bohrer als Träger der Hartmetallschneidplättchen verwendet man bei sehr hartem Bohrgut Schnellstahl. Der Bohrer ist so

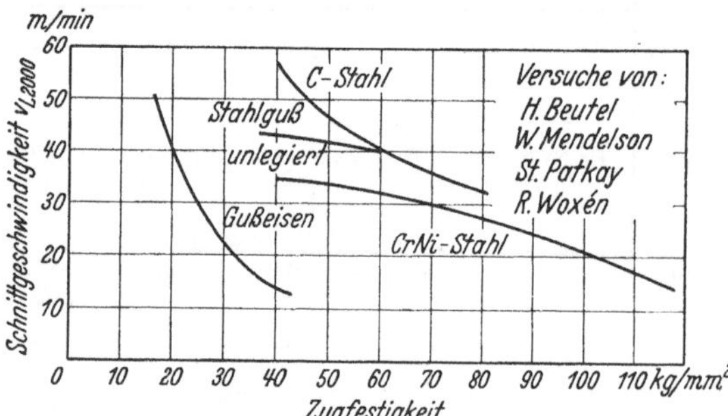

Abb. 35. Schnittgeschwindigkeit und Vorschub beim Tiefbohren mit Schnellstahlbohrern in Stahl von 60 bis 70 kg/mm² Festigkeit.

kurz und so kräftig wie möglich zu halten. Die Seele ist ebenfalls stärker auszuführen, da sie durch das Aufsetzen der Plättchen geschwächt wird.

Tieflochbohren. Das Tieflochbohren wird nicht nur in der Waffenfertigung angewendet, sondern auch zur Herstellung von Arbeitsspindeln, Nockenwellen, Eisenbahnachsen u. a. m. Bis etwa 60 mm Durchmesser wird der ganze Lochquerschnitt unter Benutzung eines Lauf- oder Spindelbohrers zerspant. Der Bohrer steht beim Arbeiten still, während das Werkstück umläuft.

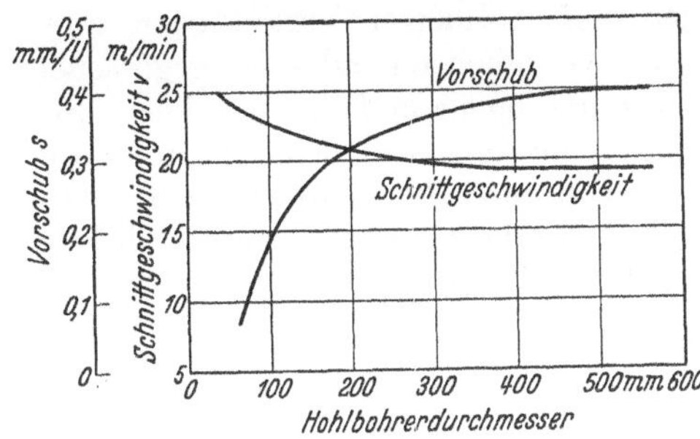

Abb. 36. Schnittgeschwindigkeiten und Vorschübe für Hohlbohrer.

Die anwendbaren Schnittgeschwindigkeiten und Vorschübe sind in Abb. 35 zu ersehen[1]. Der Bohrer hat die geringste Neigung zum Verlaufen, wenn mit hoher Schnittgeschwindigkeit und kleinem Vorschub gearbeitet wird. Beim Nachbohren sind kleinere Schnittgeschwindigkeiten und größere Vorschübe anzuwenden, zum Reiben noch kleinere Geschwindigkeiten und noch größere Vorschübe.

Bei Bohrungen über 60 mm Durchmesser wird der Hohl- oder Kernbohrer angewendet, um das viele Zerspanen zu vermeiden. Es wird nur ein Kern ausgebohrt und dadurch 35···40 % an Zerspanungsarbeit gespart. Die Bohrköpfe werden je nach der Größe der Bohrung mit 2···10 Messern versehen.

Die anwendbaren Schnittgeschwindigkeiten und Vorschübe sind der Abb. 36 zu entnehmen.

Werkstoff	Achsdruck A kg	Drehmoment M_d cm kg
Stg 38.81 . . .	$1600 \cdot s^{0,97}$	$1220 \cdot s^{0,97}$
St C 45.61 . . .	$2250 \cdot s^{0,85}$	$1330 \cdot s^{0,85}$
VCN 15	$2550 \cdot s^{0,8}$	$1280 \cdot s^{0,8}$

Die Schnittkräfte (Drehmoment und Vorschubdruck) werden mit Meßdosen festgestellt. Die Schnittkraftmessungen von O. W. BOSTON und C. J. OXFORD[2] sowie von PATKAY[3] und des Aachener Laboratoriums zeigen, daß die Kräfte bei gleichem Bohrerdurchmesser mit fast gleichen Exponenten mit dem Vorschub ansteigen. Im doppellogarithmischen Feld sind die Schnittkräfte für gleichen Bohrerdurchmesser parallele Geraden, und man kann die Exponentialgleichungen für die Abhängigkeit vom Vorschub aufstellen[4]. Für einen Bohrerdurchmesser von 22 mm sind obenstehend einige Beispiele gegeben.

Es ist wirtschaftlich, mit großen Vorschüben und kleineren Schnittgeschwindigkeiten zu arbeiten. Die Lebensdauer des Bohrers wird gemäß dem im vorhergehenden Gesagten durch die Schnittgeschwindigkeit stärker verringert als durch den Vorschub. Man muß nun einen vernünftigen Ausgleich finden: Man wählt den Vorschub so hoch, daß die zugeordneten Schnittkräfte die Grenzen, die durch Starrheit des Bohrers, der Maschinen und des Werkstückes gezogen sind, nicht überschreiten. STOEWER[5] gibt einen guten Hinweis für einen genügend sicheren Abstand zwischen Bruchdrehmoment und Gebrauchsdrehmoment (Abb. 37).

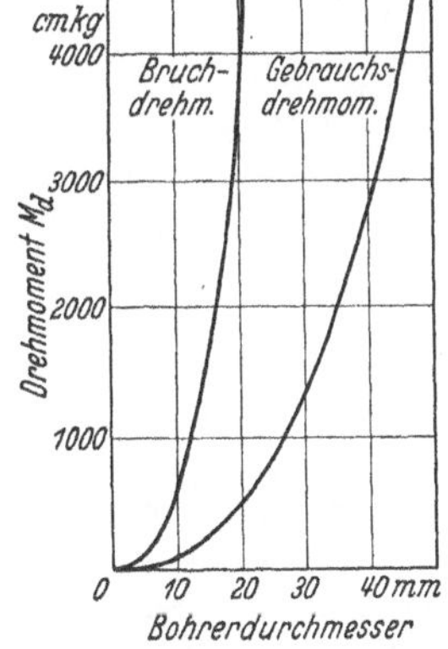

Abb. 37. Bruchdrehmoment handelsüblicher Spiralbohrer im Vergleich zum Gebrauchsdrehmoment.

Um die Bohrmaschinen nicht durch zu hohe Bohrdrücke zu beanspruchen, empfiehlt es sich, mittlere Vorschübe anzuwenden.

---

[1] KLEIN: Z. VDI Bd. 80 (1936) S. 311.
[2] Auszug von SCHALLBROCH: Masch.-Bau Bd. 11 (1932) S. 96···98.
[3] Werkst.-Techn. Bd. 22 (1928) S. 677.
[4] Bericht über betriebswissenschaftliche Arbeiten Bd. 8 S. 25.   [5] Werkstattbuch Heft 15 S. 26.

D. Senken.

Die Senker werden in der spangebenden Formung sehr oft gebraucht. Sie dienen zum Einsenken von Schraubenköpfen und profilierten Vertiefungen, zum Ansenken von Nabenflächen und Aufsenken vorgebohrter oder vorgegossener Löcher. Man unterscheidet Zapfensenker, Messerstangen- und Spiralsenker[1]. Bei den erstgenannten Gruppen können die Senker die verschiedensten Formen annehmen. Näher untersucht sind die Arbeitsverhältnisse bei Spiralsenkern[2]. Die Spiralsenker werden benutzt, wenn ein vorgebohrtes oder vorgegossenes Loch hinsichtlich seiner Rundheit, seiner Achsenflucht und seines Durchmessers so vor-

Zu bearbeitender Werkstoff	Schnittgeschwindigkeit v in m/min					
	Spiralsenker		Zapfensenker		Messerstange	
	Werkzeug-stahl	Schnell-stahl	Werkzeug-stahl	Schnell-stahl	Werkzeug-stahl	Schnell-stahl
Maschinenstahl | weich . .	10	20	8	14	6	8
Werkzeugstahl } mittel . .	8	15	7	12	5	6
Stahlguß . . . ʃ hart . .	5	10	5	8	4	5

bereitet werden soll, daß es durch das nachfolgende Reiben bei geringster Spanabnahme die verlangte Genauigkeit hat. Dieser Arbeitsvorgang kommt nur für Passungsbohrungen in Betracht. Beim Senken wird im Gegensatz zum Reiben noch eine ziemlich große Spanmenge abgehoben dadurch, daß die Löcher um $0{,}7 \cdots 3$ mm und mehr im Durchmesser erweitert werden. Die Senker (DIN 222 usw.) erhalten geringe Zähnezahl und die Schneiden in Schraubenlinie einen positiven Spanwinkel. Der Drallwinkel ergibt den Spanwinkel der Stirnschneide. Die Schnittgeschwindigkeit ist aus der Zahlentafel oben zu ersehen.

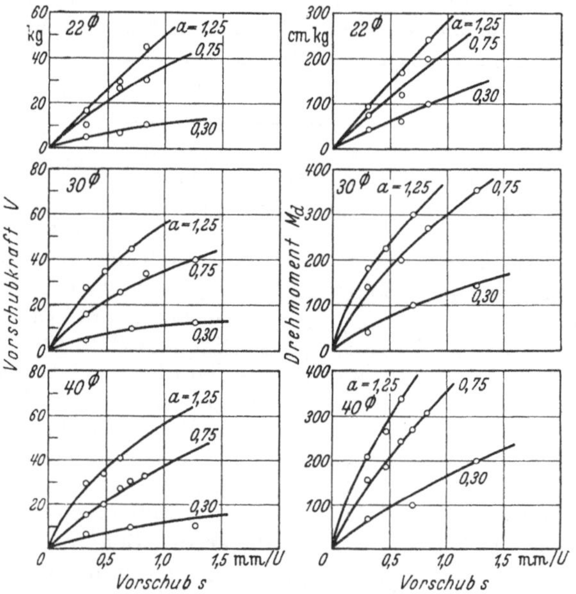

Der Vorschub soll laut nachstehender Tabelle betragen:

Abb. 38. Schnittkräfte beim Senken von Fe-Legierungen. Einfluß von D, a, s; $v = 5$ m/min. Senken St 60.11. Dreilippensenker DIN 343. Bohrölemulsion 1 : 15.

Zu bearbeitender Werkstoff	Werkzeug		Vorschub s in mm/U für Bohrungen in mm		
			10 $\cdots$ 15	16 $\cdots$ 25	26 $\cdots$ 40
Stahl Stahlguß	Spiralsenker	ʃ Werkzeugstahl	0,1 $\cdots$ 0,15	0,15 $\cdots$ 0,25	0,25 $\cdots$ 0,45
		₍ Schnellstahl	0,15 $\cdots$ 0,25	0,25 $\cdots$ 0,35	0,35 $\cdots$ 0,45
	Zapfensenker	ʃ Werkzeugstahl	0,1	0,1	0,15
		₍ Schnellstahl	0,1	0,15	0,2
	Messerstange (Naben abflächen)	ʃ Werkzeugstahl	—	0,02	0,025
		₍ Schnellstahl	—	0,02	0,025

[1] Näheres s. Heft 16 der Werkstattbücher: Senken und Reiben.

[2] SCHALLBROCH: Untersuchungen über das Senken und Reiben von Eisen-, Kupfer- und Aluminiumlegierungen. Dissertation, Aachen 1930.

Die Werte gelten auch für Schnellstahl, da sich der bessere Stahl nur durch Verlängerung der Schnitthaltigkeit bemerkbar macht.

Durchmesser, Spantiefe und Vorschub haben keinen Einfluß auf die Reibüberweite. Die Auswirkungen des Kühlmittels überwiegen bei weitem.

Nach den Versuchen von SCHALLBROCH ergibt sich ein Zusammenhang von Vorschubdruck, Drehmoment beim Senken und Reiben dadurch, daß die Exponentialgleichungen eine gewisse Ähnlichkeit haben. Als Anhalt für die Größenordnung des Achsdruckes diene Abb. 38 für St 60.11 und einen Dreilippensenker DIN 343.

E. Reiben.

Die Reibahle ist ein ausgesprochenes Feinschnittwerkzeug[1]. Vorgesenkte Bohrungen sollen möglichst rund und glatt werden. Die Spanabnahmen betragen etwa 0,1···0,8 mm im Durchmesser. Von Bedeutung ist der Anschnitt, der Drall und die Schneidenform beim Reiben. Der Anschnitt ist für Stahl, Temperguß und Bronze ganz kurz, während er bei Gußeisen länger ist. Auch ist bei Handreibahlen der Anschnitt länger als bei Maschinenreibahlen. Der Anschnitt muß sorgfältig auf einer Vorrichtung geschliffen und geläppt[2] werden. Wetzen von Hand ist unbedingt zu vermeiden. Für Schnittgeschwindigkeiten und Vorschübe sind nebenstehende Richtwerte gültig.

Zu bearbeitender Werkstoff		Schnittgeschwindigkeit v in m/min Reibahle aus	
		Werkzeugstahl	Schnellstahl
Maschinenstahl)	weich	4···5	5···6
Werkzeugstahl }	mittel	3···4	4···5
Stahlguß)	hart	2···3	3···4

Zu bearbeitender Werkstoff	Reibahle aus	Vorschub s in mm/U für Bohrungen in mm				
		1···5	6···10	11···15	16···25	26···40
Stahl und Stahlguß	Werkzeugstahl und Schnellstahl	0,3	0,3···0,4	0,3···0,4	0,4···0,5	0,5···0,6

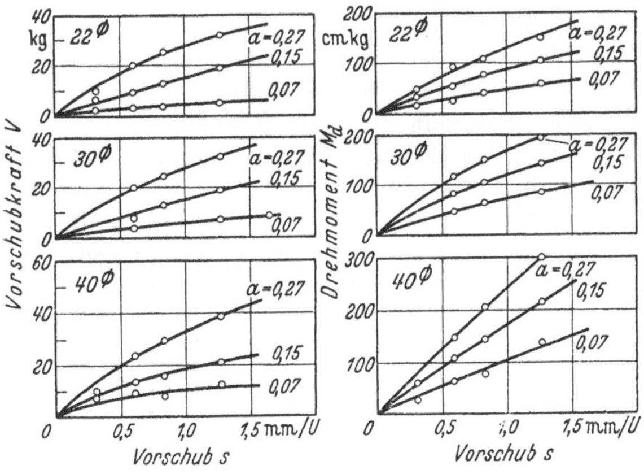

Über die Schnittdrücke beim Reiben hat SCHALLBROCH Werte gegeben. Einen Anhalt für die Größenordnung gibt Abb. 39.

F. Fräsen.

Die Aufstellung von Richtlinien für die Zerspanbarkeit im Fräsvorgang[3] ist sehr schwierig, da die Anzahl der Veränderlichen noch viel größer ist als z. B. beim Drehen und Bohren. Brauchbare Versuchsergebnisse lassen sich an Walzen- und Schaftfräsern bzw. an Messerköpfen erzielen durch Verschleißmessungen auf der Freifläche. Hierbei werden zweckmäßig die Einzelergebnisse der Messungen an jedem Fräserzahn ausgemittelt. Voraussetzung für Fräsversuche ist schlagfreier Anschliff aller Fräserschneiden[4].

Abb. 39. Schnittkräfte beim Reiben von Fe-Legierungen. Einfluß von D, a, s; $v = 5$ m/min. Reiben St 60.11. Reibahlenform R; DIN 219. Bohrölemulsion 1:15.

---

[1] Näheres s. Heft 16 der Werkstattbücher: Senken und Reiben.
[2] SCHAUMANN: Masch.-Bau 1941 S. 157.
[3] Näheres s. Heft 22 der Werkstattbücher: Die Fräser, und Heft 88: Das Fräsen.
[4] Refa-Buch: Fräsen. Beuth-Vertrieb.

Für die Schnittwinkel an der Fräserschneide, rechtwinklig zur Schneidkante gemessen, gelten ähnliche Verhältnisse wie beim Drehmeißel. Entsprechend den früher aufgestellten Richtlinien sollen durch die richtige Schneidenform Fließspäne entstehen.

Die nachstehenden Schneidenwinkel sind gebräuchlich:

Werkstoff	Span-winkel γ	Frei-winkel α
Stahl DIN 1611, 1661, 1662 } Stahlguß DIN 1681	$10\cdots15^0$	$5\cdots10^0$

Bei höheren Festigkeiten ist der kleinere Spanwinkel, bei großem Vorschub der größere Freiwinkel zu wählen.

Schnittiefe, Vorschub und Schnittgeschwindigkeit werden am besten zusammen betrachtet. Abb. 40 zeigt die Spanverhältnisse bei kleinen Schnittiefen und großem Vorschub/Zahn und großer Schnittiefe und kleinem Vorschub/Zahn[1].

Um auf eine große Spanmenge zu kommen, ist es besser, mit großem Vorschub und kleiner Schnittiefe zu arbeiten. Setzt man nun noch als dritte Größe die Schnittgeschwindigkeit ein, so ergibt sich folgende sehr wichtige Grundregel[2]:

Beim Grobschnitt, wo man bei geringer Sauberkeit und Genauigkeit große Spanmengen haben muß, wird mit großem Vorschub und kleinen Schnittgeschwindigkeiten gefräst.

Beim Feinschnitt, wo man die Maßhaltigkeit und gute Oberflächenbeschaffenheit erzielen will, arbeitet man mit größerer Geschwindigkeit und kleinem Vorschub.

Mit Rücksicht auf die Schneidhaltigkeit der Fräserzähne, die Güte der Oberfläche und die Leistungsaufnahme der Maschine soll man mit möglichst geringer Schnittgeschwindigkeit arbeiten.

Die Vorschubwerte beim Grobschnitt liegen zwischen 100 und 500 mm/min und beim Feinschnitt zwischen 10 und 50 mm/min. Die Fertigungszeit hängt von der Vorschubgeschwindigkeit

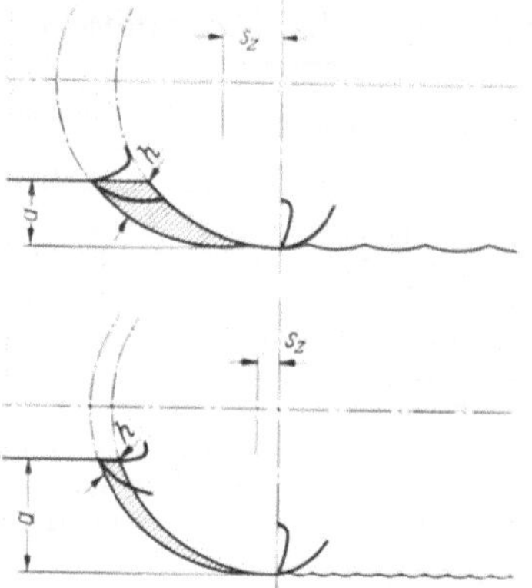

Abb. 40. Spanbildung beim Fräsen. a = Schnittiefe, s = Vorschub/Zahn, h = Spandicke.

und nicht von der Umfangsgeschwindigkeit des Fräsers ab. Die Schnittgeschwindigkeiten sind aus der nachfolgenden Tabelle zu entnehmen. Hierbei ist aber zu berücksichtigen, daß man die richtige Geschwindigkeit ausprobieren muß, um für die Maschine, den Fräser, den Dorn usw. ratterfreies Arbeiten zu erreichen.

Werkstoff	Schnittgeschwindigkeit v in m/min			
	Schnellstahl		Hartmetallschneide	
	Grobschnitt	Feinschnitt	Grobschnitt	Feinschnitt
Stahl DIN 1611, 1661, 1662 } Stahlguß DIN 1681	$8\cdots15$	$15\cdots25$	$30\cdots80$	$90\cdots130$

Bei Hartmetallen werden die Geschwindigkeiten höher genommen, um diese Werkzeuge auszunutzen. Ebenso lassen sich nach den Erfahrungen der Hartmetallhersteller auch große Vorschübe verwenden, da bei kleinen Vorschüben die Standzeit nicht viel größer wird. Im übrigen soll man aber mehr die längere Standzeit ausnutzen als mit der Geschwindigkeit und dem Vorschub an die obere Grenze zu gehen.

[1] BRÖDNER: Zerspanbarkeit. VDI-Verlag.
[2] Wanderer-Fräsen Nr. 9.

Die Schnittkräfte. EISELE[1] hat die drei Teilkräfte, nämlich die Vorschubkraft (waagerecht), die Rückkraft (senkrecht) und die Achskraft gemessen. Abb. 41 gibt einen Anhalt über die Größenordnung der einzelnen Kräfte. Hierbei ist von Interesse, daß die Vorschubkraft V nicht verhältnisgleich, sondern langsamer als die Vorschubgeschwindigkeit anwächst. Man soll also mit großen Vorschubgeschwindigkeiten arbeiten.

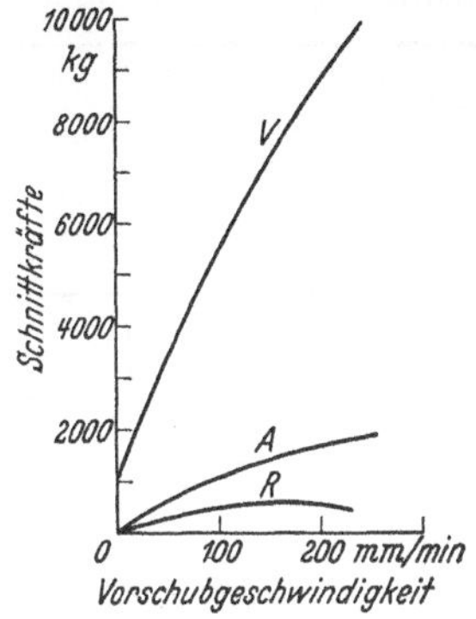

Abb. 41. Größte Schnittkräfte beim Fräsen verschiedener Werkstoffe. St 70.11, 125·13, 10 m/min, Walzenfräser 108 ∅, 11 Z, V = Schnittkraftkomponente in Vorschubrichtung, R = Schnittkraftkomponente rechtwinklig zum Vorschub (Rückdruck), A = Schnittkraftkomponente in Achsrichtung des Fräsers (nach FR. EISELE).

G. Sägen.

Man unterscheidet im Rahmen der hier zu behandelnden Zerspanungsfragen beim Sägen: 1. Bügelsägen, 2. Kaltkreissägen, 3. Metallbandsägen.

Die Bügelsägen haben ein in einem Bügel befestigtes Langsägeblatt mit hin- und hergehender Bewegung, das nur beim Rückhub schneidet.

Für den Werkstattbetrieb sind folgende Schnittbedingungen von Interesse: Schnittgeschwindigkeit, Bügeldruck, Art und Form der Sägen, Kühlung. Bei Versuchen von WALLICHS und SEUL[2] wurden diese Punkte untersucht.

Die angewendeten Schnittgeschwindigkeiten schwankten zwischen 10 und 30 m/min.

Es ergeben sich folgende Richtlinien:

Wenn man kurze Trennzeiten und lange Lebensdauer der Sägeblätter erreichen will, muß man hohen Bügeldruck und niedrige Schnittgeschwindigkeiten anwenden. Der Bügeldruck ist aber nach oben begrenzt durch die Festigkeit der Zähne und des ganzen Sägeblattes.

Bei harten Werkstoffen, z. B. St C 60.61, ist eine Zahnform mit negativem und bei weichen Werkstoffen, z. B. St 37.12, mit positivem Spanwinkel vorzuziehen. Die Zahnteilung soll für harte Werkstoffe fein und für weiche grob sein. Sie ist aber außerdem von der Größe der zu sägenden Stücke abhängig. Bei dünnwandigen Rohren, Drähten, Kabeln muß die Teilung sehr fein sein.

Die Kaltkreissägen[3]. Am häufigsten werden wohl noch die Kaltkreissägenblätter verwendet. Das Kennzeichen einer Kaltkreissäge gegenüber einem Fräser ist die geringere Starrheit und die kleine Schnittbreite. Von den Vollstahlblättern ist man inzwischen zu den Sägeblättern mit eingesetzten Zähnen aus Schnellstahl oder Hartmetall übergegangen. Die Zahnform hat auch eine gründliche Wandlung zur Verbesserung der Schneidfähigkeit durchgemacht. Man legt Wert auf eine genügend große und richtig ausgebildete Spankammer. Der Spanwinkel der normalen Säge beträgt 0°, da bei größeren Spanwinkeln die Säge leicht einhakt und zerbrechen kann. Bei Bearbeitung weicherer Werkstoffe kann ein etwas größerer Spanwinkel gewählt werden[4].

Werkstoff	Spanwinkel γ	Freiwinkel α
Stahl bis 50 kg/mm² .	5°	6···8°
Stahl bis 75 kg/mm² .	0°	5···7°
Stahl über 75 kg/mm², auch legierte Stähle .	10···15°	5···6°

Die Zahnteilung und die Blattstärke richten sich nach DIN oder Angaben der Herstellerfirmen. Je größer die Spantiefe und Schnittlänge, desto gröber muß

[1] Bericht über betriebswissenschaftliche Arbeiten Bd. 7. VDI-Verlag.
[2] WALLICHS u. SEUL: Die Werkzeugmasch. Mai 1934 Heft 8···9.
[3] Näheres s. Heft 40 der Werkstattbücher: Das Sägen der Metalle.
[4] Stock-Fräserhandbuch.

die Zahnteilung sein. Grundsätzlich soll man die Schnittgeschwindigkeit so hoch wählen, wie es der Werkstoff nur irgendwie zuläßt. Für die Schnittgeschwindigkeit werden von R. Stock & Co. nachstehende Erfahrungswerte angegeben:

Werkstoff	Schnittgeschwindigkeit für		
	feine Zahnteilung 1···5 mm bis 10 mm Tiefe bis 20 mm Länge m/min	mittlere Zahnteilung 3···10 mm bis 25 mm Tiefe über 100 mm Länge m/min	grobe Zahnteilung 7,5···14 mm bis 100 mm Tiefe über 100 mm Länge m/min
Stahl bis 50 kg/mm² . .	80···100	70···80	40···50
50··· 70 kg/mm² . .	70···90	60···70	30···40
70··· 90 kg/mm² . .	50···60	40···50	20···30
90···110 kg/mm² . .	30···40	25···40	15···20
unge-härtet { Werkzeugstahl, Schnellstahl, Nichtrostender Stahl }	30···40	25···40	15···20

Diese Werte gelten für Schnellstahlsägen. Bei Verwendung von Werkzeugstahlsägen sind nur die halben Schnittgeschwindigkeitswerte einzusetzen.

Die Metallbandsägen. Metallbandsägen haben in neuerer Zeit ein erweitertes Anwendungsgebiet gefunden. Der AWF hat eine Zusammenstellung der Erfahrungswerte über Schnittgeschwindigkeit und Zahnteilung herausgegeben[1]. Wenn auch das Hauptanwendungsgebiet die Zerteilung von weichen Stoffen ist, so wird doch auch mehr und mehr Stahl gesägt.

Werkstoff	Schnittgeschwindigkeit v m/min	Zahnteilung Zähne/1″	Form des Sägegutes
Stahl bis 50 kg/mm² . .	40···45	6···10	Platten
50··· 70 kg/mm² . .	30···40	8···14	Stäbe
70··· 90 kg/mm² . .	20···30	12···18	,,
90···110 kg/mm² . .	8···10	18···24	,,
unge-härtet { Werkzeugstahl, Schnellstahl }	8···10	18···24	
Stäbe, Profileisen und Rohre, Bleche	2700···4800 für Schmelzschnitt	abgenutzte Sägebänder	{ bis 30 mm ⌀ und, bis 5 mm Wanddicke, bis 3 mm }

Je härter die Werkstoffe sind, desto schwieriger ist es, saubere und genaue Schnitte zu erhalten. Es bereitet dann Schwierigkeiten, genaue und gleich große Stangenabschnitte, z. B. für Geschoßherstellung oder Gesenkschmiedestücke, zu schneiden. Auf die Sägebandführungen ist besonders Wert zu legen.

H. Gewindeschneiden mit Gewindebohrer, Schneideisen und Schneidkopf.

Die Hauptforderung ist die Genauigkeit des Gewindes. Die reinen Zerspanbarkeitseigenschaften der Werkstoffe treten wegen des gehemmten Spanablaufes nicht so in Erscheinung wie bei den anderen Arbeitsvorgängen.

Die Gewindetoleranzen sind in DIN 2244 festgelegt. Es ist daher die Forderung aufzustellen, daß die Schneidwerkzeuge so bemessen sind, daß diese Vorschriften eingehalten werden. Dadurch ist auch die Form der Werkzeuge festgelegt in bezug auf Länge des Anschnittes, Nutenzahl und Form, Schnittwinkel und Unterteilung

---

[1] AWF-Mitt. 1932 Heft 8.

der Satzbohrer. Von den die Zerspanbarkeit beeinflussenden Größen sind einige sehr wichtige auch durch das Werkzeug bzw. die vorgeschriebenen Abmessungen der Werkstücke gegeben: Vorschub und Spantiefe. Für den Betrieb bleiben daher als Veränderliche die Lochtiefe, Schnittgeschwindigkeit, Kühlmittel und natürlich der Werkstoff.

Schneideisen. Über die Schneideisen fehlen genaue Unterlagen. Daher können hier nur einige Richtlinien gegeben werden. Der Anschnittwinkel soll $25\cdots30^0$ betragen; die Länge des Anschnittes soll etwa $1^1/_2$ Gang sein. Schnittgeschwindigkeit für Stahl $3\cdots4$ m/min. Bei höheren Schnittgeschwindigkeiten leidet die Sauberkeit des Gewindes.

Bei Schneideisen aus Schnellstahl soll die Schnittgeschwindigkeit nicht erhöht werden, dafür wird die Standzeit und die Genauigkeit verbessert.

Selbstöffnender Schneidkopf. Bei Versuchen mit diesen Köpfen[1] wurde festgestellt, daß der gehemmte Spanablauf die reinen Zerspanungsmerkmale des Werkstoffes völlig überdeckt. Bei 6 m/min Schnittgeschwindigkeit war keine gesunde Oberfläche zu erzielen. Die Geschwindigkeiten, mit denen man bei den üblichen Werkstoffen gute Oberflächen erhalten kann, liegen viel höher. Von den Legierungsbestandteilen wirkt der Kohlenstoff stärker verschleißend als der Phosphor. SCHIMZ kommt auch zu dem Schluß, daß beim Außengewindeschneiden mit selbstöffnendem Kopf mit radial angeordneten Schneidbacken besondere Schwefel-Phosphorzusätze im Werkstoff aus Gründen der Zerspanbarkeit und guten Oberfläche nicht notwendig sind.

Gewindebohrer. Das Gewindebohren ist schon in einer Reihe von Arbeiten untersucht[2]. Wenn man zugrunde legt, daß der Gewindebohrer an sich gegeben ist, so können sich nur der geschnittene Werkstoff, die Lochtiefe und die Schnittgeschwindigkeit ändern. Letztere aber nur in engen Grenzen, weil beim Gewindebohren die Späneabfuhr eine noch größere Rolle spielt als beim Schneiden mit Außengewindebacken.

Die Toleranz ist auch von Einfluß, weil jeder Gewindebohrer etwas aufschneidet. Das Maß des Aufschneidens ist abhängig von dem Werkstoff, von der Lochtiefe, von der Form des Gewindebohrers und in gewissem Sinne auch von der Schnittgeschwindigkeit. Die Länge des Anschnittes ist auch von Bedeutung. Bei Sacklöchern wird der Anschnitt durch die Eigenart der Löcher bestimmt, da der Fertigschneider möglichst bis auf den Grund ausschneiden soll. Bei den Durchgangslöchern gilt als Richtlinie, daß für tiefe Löcher der kurze Anschnitt richtig ist. Nach Angabe von STOEWER steigt z. B. bei der dreifachen Anschnittlänge das Drehmoment bei großer Lochtiefe sehr stark an, so daß der Versuchsbohrer nach 26 mm Bohrung festsaß, während bei geringer Anschnittlänge der Schneidvorgang von der Lochtiefe ziemlich unabhängig war. Allerdings steigt mit kürzerem Anschnitt die Belastung des einzelnen Zahnes und damit die Abnutzung (vgl. auch Arbeit SCHIMZ). Im Interesse der Lebensdauer muß daher der Anschnitt so lang gewählt werden, wie es die Kräfte zulassen. Ein Bohrer M 12 benötigte bei einem Anschnitt von 7,5 mm Länge und Schneiden in St C 60.61 ein Drehmoment von 150 cmkg. Aus der von STOEWER aufgestellten Kurve der Bruchmomente von Gewindebohrern ($M_d = 0,55\,D^{2,8}$) ist ersichtlich, daß der Bohrer zum Bruch ein Drehmoment von 600 cmkg aufnehmen kann. Dies ist also noch genügend Sicherheit. Bei der Bemessung der Anschnittlänge muß daher Drehmoment, Bruchmoment und Schnitthaltigkeit des Bohrers berücksichtigt werden.

---

[1] SCHIMZ: Arch. Eisenhüttenwes. Heft 1 (1931/32) S. $35\cdots44$.
[2] STOEWER, Dr. H. J.: Masch.-Bau 1932 Heft 2 S. 518.

Bei kurzen Durchgangslöchern (Muttern) ist ein Anschnitt, der ein Mehrfaches der Lochtiefe beträgt, am günstigsten.

Einfluß des Spanwinkels. Mit Vergrößerung des Spanwinkels tritt eine Verringerung des Drehmomentes ein. Man kann auf Winkel zwischen 12 und 18^0 gehen. Die Nutenzahl ist insofern von Einfluß, als man auf möglichst große Spanlücken achten muß. Dreinutige Bohrer schneiden daher leichter als viernutige. Das Gewindeloch muß größer sein als der Kerndurchmesser der Mutter, um den Kraftaufwand beim Schneiden zu verringern.

Die Schnittgeschwindigkeit. Durch Erhöhung der Schnittgeschwindigkeit kann man die Zeit zum Schneiden eines Gewindes meist nur unwesentlich verringern; außerdem wird mit höherer Schnittgeschwindigkeit die Spanabfuhr immer schwieriger.

Richtwerte: Werkzeugstahl-Gewindebohrer . . . . 5 · · · 10 m/min,
Schnellstahl-Gewindebohrer . . . . 10 · · · 20 m/min.

Es sind aber auch schon Dauerleistungen mit 25 m/min erreicht. In den meisten Fällen schneidet der Bohrer um so mehr auf, je höher die Schnittgeschwindigkeit ist.

Geschliffene oder geschnittene Gewindebohrer. Bei Bohrern aus Werkzeugstahl beträgt der Anteil der geschnittenen Bohrer (nach Feststellung von R. Stock & Co.) 86%, der der geschliffenen 14%. Bei Schnellstahlbohrern ist es umgekehrt: Anteil an geschliffenen Bohrern 92%, an geschnittenen 8%.

Dies ist so zu erklären: Für normale Arbeitsvorgänge genügt die Genauigkeit der geschnittenen Werkzeugstahlbohrer, da die Toleranzen nach DIN-Mittel verlangt werden. Die geschliffene Ausführung kommt nur dort in Frage, wo besondere Genauigkeit verlangt wird.

Bei Schnellstahlwerkzeugen ist der Härteverzug größer. Dieser kann durch Schleifen der Gewindegänge beseitigt werden. Man kann dann aber auch die volle Leistung des Schnellstahles ausnutzen. Der geringe Bezieherkreis von nur geschnittenen Schnellstahlgewindebohrern verzichtet wahrscheinlich bewußt auf die volle Ausnutzung der Schnittleistung.

I. Räumen.

Unter Räumen versteht man einen spangebenden Arbeitsvorgang mit einem in seiner Längsachse geradlinig bewegten Mehrfachschneidwerkzeug (Räumnadel)[1]. Wegen der hohen Werkzeugkosten ist es nur bei großen Stückzahlen lohnend. Die Räumnadel wird für bestimmte Arbeit, Werkstoff und Zugkraft gefertigt. Die abzunehmende Spanstärke je Zahn beträgt 0,02 · · · 0,12 mm. Der Span soll nicht schwächer gehalten werden, da der Zahn sonst nicht schneidet. Es sollen mindestens 2, höchstens 3 Zähne gleichzeitig schneiden. Die Winkel werden in Abb. 42 bezeichnet.

Für Stahl und Stahlguß gelten noch folgende Werte als im Betrieb ausprobiert: Spanwinkel $\gamma = 10 \cdots 16^0$, Rückenwinkel $\alpha = 1 \cdots 1,5^0$, Fasenbreite $= 0,4 \cdots 1$ mm.

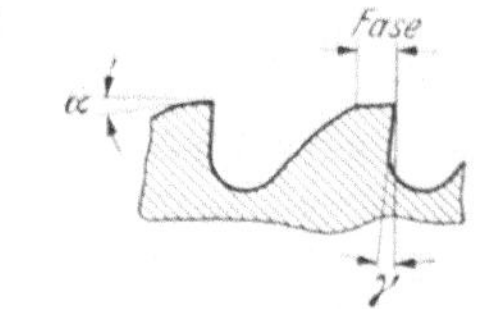

Abb. 42. Schnittwinkel bei Räumnadeln.

Große Fasenbreite verringert die Neigung zum Verlaufen, erhöht aber den Kraftbedarf. Die Zahnlücke (Spanraum) muß sorgfältig ausgebildet werden. Werkstoffe mit großer Lockenbildung (Stahl, Stahlguß) erfordern größere Spanräume mit größerem Radius als bröckelnde Werkstoffe (Gußeisen).

---

[1] Näheres s. Heft 26 der Werkstattbücher: Innenräumen, und Heft 80: Außenräumen. — Vgl. auch AWF-Betriebsbl. 64/65, Beuth-Vertrieb.

Die Schnittgeschwindigkeitswerte sind wie folgt:

Werkstoff	Schnittgeschwindigkeit v m/min	Form des Loches
Stahl. Stahlguß	3,0	Einfache Räumvorgänge
Legierte Stähle	2,0	Schwierigere Räumvorgänge

Die Schnittgeschwindigkeiten sind meist schon von vornherein durch die Konstruktion der Maschine festgelegt und wenig veränderlich.

K. Schleifen.

Das Schleifen[1] ist eine spanabhebende Formung, bei der mit neuzeitlichen Maschinen beachtliche Spanleistungen erzielt werden. Die Versuche über den Schleifvorgang sind noch sehr unvollkommen. Zum besseren Verständnis der nachstehenden Richtwerte, die auf Grund von Versuchen und praktischen Erprobungen zusammengestellt sind, muß das Werkzeug kurz gekennzeichnet werden.

Die Schleifscheibe. Es gibt 2 Hauptgruppen von Schleifmitteln:

1. Natürlicher und künstlicher Korund (Aluminiumoxyd). Der wichtigste natürlich vorkommende Korund ist der Schmirgel (Naxos). Der künstliche Korund (Elektrokorund) wird aus Bauxit mit elektrischem Lichtbogen hergestellt. Diese Schleifscheiben werden für gehärteten und ungehärteten Stahl sowie Stahlguß benutzt.

2. Siliziumkarbid wird im elektrischen Ofen aus Koks, Quarz, Sand, Salz u.a.m. erschmolzen. Es dient zum Schleifen von Gußeisen, Temperguß, Hartmetallen, Leichtmetallen und allen nichtmetallischen Stoffen.

Die beiden Arten von Schleifmitteln können sich nicht ersetzen, sondern sollen sich ergänzen.

Für die richtige Anwendung der Scheiben sind die Bindungen und die Körnung wichtig. Die keramische Bindung besteht aus verschiedenen Tonen in Weißglut gebrannt. Etwa 90% aller Scheiben sind keramisch gebunden. Vegetabilische Bindungen haben als Bindemittel Bakelit, Schellack, Gummi, Kunstharz u. a. m.

Die Körnung wird meist nach der Zahl der Maschen auf 1 Quadratzoll bestimmt, durch die die Körner gerade noch hindurchfallen (DIN 1171 bezieht die Maschenzahl auf 1 cm Länge des Siebes). Je kleiner die Zahl der Maschen, desto gröber das Korn, z. B.:

sehr grob . . . . Korn 10, 12, 14   fein . . . . Korn 60, 70, 80

Die Härte der Scheibe richtet sich nicht nach der Härte des Kornes, sondern der Bindung. Diese Härte ist aber nicht zu verwechseln mit der Arbeitshärte, bei der die Schneidkraft der Körner eine Rolle spielt. Sie nimmt mit der Umfangsgeschwindigkeit der Scheibe zu der Mitte hin ab. Die Scheibenhärte wird mit Buchstaben des Alphabets bezeichnet, wobei z. B. mit E eine weiche Scheibe und mit U eine harte Scheibe gemeint ist. Dazwischen liegen die verschiedenen Abstufungen. Man unterscheidet Rundschliff, Innenschliff, Flächenschliff. Große Berührungsflächen, wie beim Innenschliff und Flächenschliff, bedingen weichere Scheiben und gröberes Korn.

Die Arbeitsbedingungen. Die Umfangsgeschwindigkeit der Scheiben soll möglichst hoch sein. Die obere zugelassene Grenze ist 35 m/s, in Sonderfällen bis zu 45 m/s; bei Zustellung von Hand entsprechend weniger (etwa 25 m/s).

Die Werkstückgeschwindigkeit hat auf die Sauberkeit des Schliffes und die Leistung der Schleifscheiben Einfluß. Bei langsam laufenden Werkstücken wird

---

[1] Vgl. auch Heft 5 der Werkstattbücher: Schleifen.

meist der feinste Schliff erzielt. Schleifmaschinen erfordern wegen der hohen Schleifscheibengeschwindigkeiten hohe Leistungen.

Die Oberflächengüte ist von sehr vielen Einflußpunkten abhängig, z. B. Bindung, Härte, Körnung, Umfangsgeschwindigkeit der Schleifscheiben, Zustellung, Vorschub und Umfangsgeschwindigkeit der Werkstücke und der Schleifflüssigkeit[1]. Die nachstehende Tabelle gibt dazu allgemeine Richtlinien an. In schwierigeren Fällen lasse man sich von den Herstellern der Schleifscheiben beraten.

Werkstoff	Schleif-mittel	Bindung	Körnung	Härte	Schleifscheiben-geschwindigkeit m/s	Werkstückgeschwindigkeit m/min
Stahl, Stahlguß Rund-schleifen	Elektro-korund	keramisch	46	K	30···35	{ 12···15 Grobschliff { 6··· 8 Feinschliff
Innen schleifen	,,	,,	46···60	Jot···M	25	15···22[2]
Plan-schleifen	,,	,,	30···60	H···K	30	großer Seitenvorschub

III. Zerspanbarkeit von Automatenstahl.
A. Der Werkstoff.

Es ist notwendig, die Zerspanbarkeit der Automatenstähle in einem besonderen Abschnitt zu behandeln. Die Automatenstähle folgen ihren eigenen Gesetzen. Sie werden, wie der Name sagt, meist in der Massenfertigung auf Automaten oder Revolverbänken zerspant. Es sind Stähle mit geringem Kohlenstoffgehalt und verhältnismäßig hohem Anteil an Schwefel, Phosphor und Mangan. Ein Normblatt besteht noch nicht.

Die Automatenstähle zeichnen sich bei der Zerspanung durch folgende Eigenschaften aus:

1. Sie lassen durchweg die Anwendung hoher Schnittgeschwindigkeiten zu. Ihre Anwendung wird jedoch bedingt durch die Drehzahl der Automaten und der oft verwandten kleinen Durchmesser.

2. Es ergeben sich ganz kurze Späne, die das Werkzeug schonen und die Abführung aus der Maschine erleichtern.

3. Sie bekommen bei der Bearbeitung eine saubere und gesunde Oberfläche.

Um diese Forderungen zu erfüllen, werden die Automatenstähle meist „unberuhigt" vergossen. Der sich hierbei bildende Seigerungskern verschlechtert aber die mechanischen Eigenschaften, besonders die Kerbzähigkeit und die Schwingungsfestigkeit. Wenn man nun Wert auf gute mechanische Eigenschaften legt, so wird der Ofeninhalt beim Vergießen durch Zugabe von Silizium oder Aluminium beruhigt. Schwefel und Phosphor verteilen sich dann gleichmäßig über den ganzen Querschnitt. Durch diese Maßnahme werden aber alle Zerspanungseigenschaften bedeutend verschlechtert. Die Stahlwerke bemühen sich nun, einen beruhigt vergossenen Stahl zu schaffen, der in seiner Zerspanbarkeit dem unberuhigt vergossenen möglichst nahekommt.

Um unnötige Zerspanungsarbeit zu sparen und die nicht bearbeiteten Flächen der Werkstücke möglichst genau herzustellen, werden die Automatenstähle fast immer gezogen. Je nach der Querschnittsabnahme beim Ziehen ist die Kalt-

---

[1] Opitz-Vitz: Dtsch. Kraftfahrforsch. Heft 65.
[2] Die Werkstückgeschwindigkeit soll wegen des großen Berührungsbogens größer sein als beim Rundschleifen.

verformung und damit die Festigkeit anders. Trotz dieser Festigkeitszunahme kann man nicht in allen Fällen von einer Erschwerung der Zerspanbarkeit sprechen.

B. Drehen[1].

Die Schnittgeschwindigkeit. Bei der Prüfung der Zerspanbarkeit im Drehvorgang werden T-v-Kurven aufgestellt, wie für die übrigen Werkstoffe. Sie ergeben im doppellogarithmischen Feld wie bei den Werten für den Grobschnitt mit anderen Werkstoffen gerade Linien, die eine „Extrapolation" in gewissen Grenzen zulassen. In Abb. 43 sind nun die T-v-Kurven für einen gewöhnlichen Thomas- und einen Automatenstahl von ungefähr gleicher Festigkeit und Zusammensetzung eingetragen. Man sieht, daß die anwendbare Schnittgeschwindigkeit bei dem Automatenstahl fast doppelt so hoch ist wie bei dem Thomasstahl. Es ist also kein Vergleich möglich mit den v_{60}-Zahlen aus der Bestimmungstafel, die auf Grund der Versuche im Grobschnitt mit legierten und unlegierten Baustählen ermittelt wurden. Worauf die soviel leichtere Zerspanbarkeit der Automatenstähle zurückzuführen ist, ist noch nicht geklärt. Es lassen sich auch keine Beziehungen zwischen Festigkeit, chemischer Zusammensetzung und Gefügebau einerseits und der Zerspanbarkeit andererseits finden.

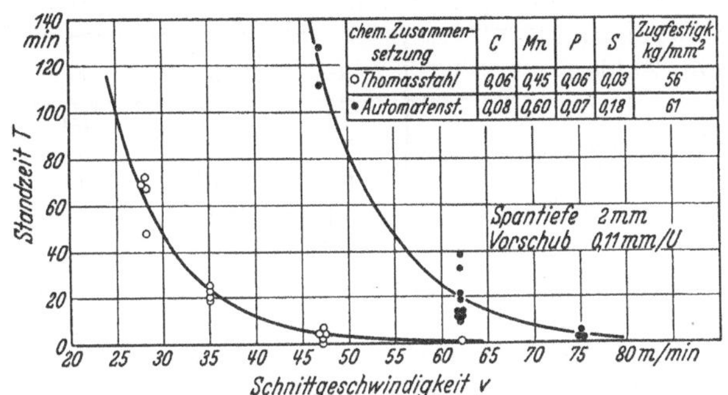

Abb. 43. T-v-Kurven von Thomas- und Automatenstahl annähernd gleicher Festigkeit und Zusammensetzung. (Nach Untersuchungen von A. WALLICHS und H. OPITZ.)

Die Abb. 44 gibt nun noch einen Anhalt über die Lage der T-v-Kurven bei verschieden behandelten Werkstoffen[2]. Stahl C ist nach einem neuen Verfahren zur Verbesserung der Zerspanbarkeit hergestellt. Wie die v_{60}-Zahl zeigt, kommt man bei diesem Stahl dem Stahl A schon sehr nahe. Die sonstigen Größen der 3 Werkstoffe sind in nachstehender Zahlentafel eingetragen.

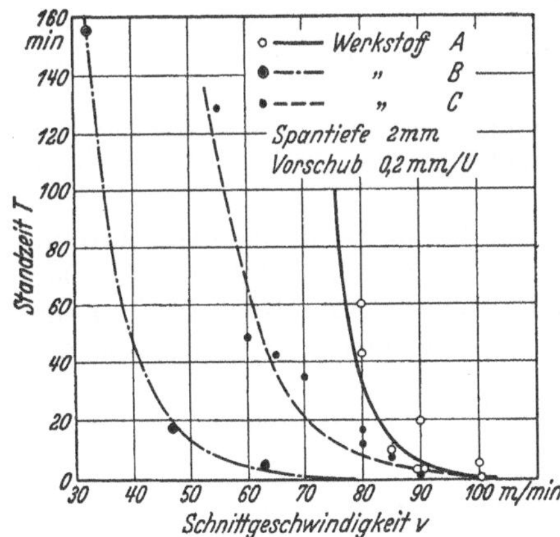

Abb. 44. Schnittgeschwindigkeits-Standzeit-Kurven verschiedener Automatenstähle. (Nach A. WALLICHS und H. OPITZ.)

	Werkstoff		
	A[3]	B[4]	C[5]
Stangen ⌀ mm	10	10	10
C %	0,07	0,10	0,12
Festigkeit kg/mm²	61,5	70	60,00
Ziehbehandlung, Abzug in mm	1	1	—
v_{60} m/min ($a \cdot s = 2,0 \cdot 0,2$) mit Kühlung . . .	77	38,5	60

---

[1] ULBRICHT: Zerspanbarkeitsuntersuchungen an Automatenstahl. Dissertation, München 1940.   [2] WALLICHS u. OPITZ: Masch.-Bau Bd. 12 (1933) S. 303.
[3] Unberuhigt vergossen.   [4] Beruhigt vergossen.   [5] Beruhigt vergossen nach einem neuen Verfahren zur Verbesserung der Zerspanbarkeit.

Bei Automatenarbeiten kann man nun nicht mit der v_{60}-Zahl rechnen, weil die Voraussetzungen, die zur Festlegung von v_{60} geführt haben, nur für den Grobschnitt zutreffen. Bei Automatenarbeiten sind die Einrichtungsarbeiten sehr schwierig, die Werkzeuge in ihrer Form und Herstellung sehr teuer u. a. m. Man verlangt daher von den Werkzeugen eine längere Zeit des Unterschnittstehens und legt hierbei zweckmäßigerweise v_{480} (8 h) zugrunde. Bei der versuchsmäßigen Ermittlung der Zerspanbarkeit kann man sich jedoch mit der v_{60}-Zahl begnügen, da ja für die Kurve eine Extrapolation zulässig ist. Die nebenstehende Zahlentafel gibt einen Überblick, wie sich bei den verschiedenen Werkstoffen die v_{60}-Zahl gegenüber der v_{480}-Zahl verändert (vgl. S. 45).

	Werkstoff		
	A[1]	B[2]	C[3]
v_{60} . . .	78	38	60
v_{120} . . .	74	34	54
v_{480} . . .	67	27	45

Es könnte noch eingewendet werden, daß bei den Versuchen Stücke bestimmter Abmessungen hergestellt werden, die in der Praxis größer oder kleiner sind. Dementsprechend ergäbe sich auch eine andere Zeit des Unterschnittstehens der Werkzeuge bei anderen Umschaltzeiten der Maschine. Durch eingehende Versuche wurde festgestellt, daß Anzahl und Dauer der Unterbrechungen des Schneidvorganges auf die Standzeit des Werkzeuges ohne Einfluß sind.

In den Handbüchern werden betriebsmäßige Werte von $60 \cdots 75$ m/min als wirtschaftliche Schnittgeschwindigkeit angegeben.

Die Schnittkräfte bei Automatenstählen folgen ebenfalls anderen Gesetzen als bei Baustählen und beim Grobschnitt. Wenn während der Standzeitversuche der Schnittdruck z. B. mit der Meßdose von WALLICHS-OPITZ gemessen wird, so ergeben sich bis zur Abstumpfung des Werkzeuges starke Schwankungen. Nach den Versuchen von WALLICHS und OPITZ ist auch der Schnittdruck abhängig von der Schnittgeschwindigkeit, und außerdem ist er bei den einzelnen Automatenstählen noch abhängig vom Werkstoff.

Inwieweit der Schnittdruck zur Unterscheidung der Zerspanbarkeit angewendet wird, zeigt der Abschnitt „Kurzversuche für die Prüfung der Zerspanbarkeit" (s. S. 61).

Die Oberflächengüte. Bei den Teilen, die aus Automatenstahl gefertigt werden, wird besonderer Wert auf eine gute Oberflächenbeschaffenheit gelegt. Man hat sich bemüht, die Oberfläche nicht nur durch Augenschein oder behelfsmäßige primitive Verfahren zu beurteilen, sondern auch vergleichbare zahlenmäßige Unterlagen zu bekommen.

Nachstehend eine gute Übersicht über die bisher gebräuchlichen Verfahren[1]:

Übersicht über die verschiedenen Oberflächen-Meßverfahren[2].

	Laboratoriumsmäßig	Werkstattmäßig	Behelfsmäßig
Optische Verfahren	Auszählen der Bearbeitungsriefen/cm	Zeissscher Kugel- und Zylinderprüfer	Beurteilung der Oberfläche mittels Lupe
	Reflexionsfähigkeit als Maßstab der Rauhigkeit	Doppelmikroskop (Vergleichsbetrachtung)	Spiegelungsfähigkeit (Verzerrung)
	Rasterverfahren (Reichelt)	Schmaltzsches Lichtspaltverfahren	Lichtspaltprüfung mit Lineal
	Perthen	Interferometer (Carl Zeiss)	
		Oberflächenprüfgeräte nach DREIHAUPT (Hahn & Kolb) und MECHAU (Carl Zeiss)	

---

[1] Masch.-Bau 1935 S. 382.   [2] GOTTSCHALD: TZ 1940 Nr. 15/16 S. 393.

Übersicht über die verschiedenen Oberflächen-Meßverfahren. (Fortsetzung.)

	Laboratoriumsmäßig	Werkstattmäßig	Behelfsmäßig
Mechanische Verfahren	Messung der Dickenabnahme bei Feinstbearbeitung	Vibrationsmesser (Flemming)	Reibungswiderstand als Maß der Rauhigkeit (Kupfermünze)
	Schmaler Schnitt von einem Gelatineabguß der Oberfläche	Oberflächenprüfgerät nach TRENTINI (Hahn & Kolb)	Sichtbarmachung der tragenden Flächen
	Mechanische Schnitte (Sawyer) mit verkupferter Oberfläche		
	Taststift in Verbindung mit Schalldose (Geräuschbeurteilung)		
Mechanisch-optisches Verfahren	Taststift in Verbindung mit Spiegel und Lichtstrahlablenkung (Schmaltz-Kiesewetter)		Abdruck auf Ölschicht Interferenzmessung (Auflage einer Quarzplatte)

Abb. 45 gibt eine Vergleichsmöglichkeit für die hauptsächlichsten in der vorstehenden Aufstellung genannten Verfahren bei einem Automatenstahl mit verschiedenen Geschwindigkeiten zerspant:

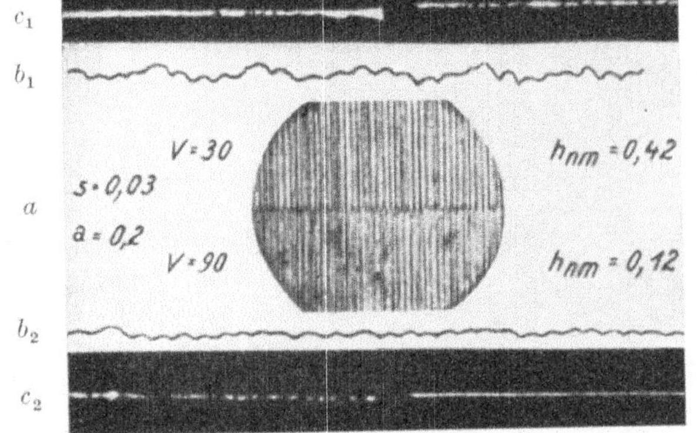

Abb. 45. Oberfläche von Automatenstahl 3/103.
Oben: gedreht mit Schnittgeschwindigkeit $v = 30$ m/min bei Vorschub $s = 0,03$ mm und Schnittiefe $a = 0,2$ mm, Rauhigkeitswert $h_{nm} = 0,42$. Unten: gedreht mit Schnittgeschwindigkeit $v = 90$ m/min bei $s = 0,03$ mm und $a = 0,2$ mm, Rauhigkeitswert $h_{nm} = 0,12$.

a Bild im Vergleichsmikroskop der Firma Busch,
$b_1\ b_2$ Abtastgerät Schmaltz-Kiesewetter,
$c_1\ c_2$ Profilkurven mit dem Metallmikroskop,
$d_1\ d_2$ Lichtspaltverfahren von Schmaltz.

Beim Vergleichsmikroskop kann man Unterschiede nur schwer feststellen. Das Lichtspaltverfahren und die Profilkurven des Metallmikroskops geben ebenfalls keine kennzeichnenden Werte. Anders hingegen bei dem Abtastgerät von SCHMALTZ-KIESEWETTER, das deutlich den Einfluß der Schnittgeschwindigkeit zeigt. Dieses Verfahren ist überhaupt von guter Anpassungsfähigkeit und Empfindlichkeit und gibt in seiner von WALLICHS-OPITZ verbesserten Anwendung praktische Hinweise für eine glatte Oberfläche. Die vorgeschlagenen Richtwerte oder Kennziffern für die Güte der Oberfläche haben leider noch nicht zu einer Normung führen können.

C. Bohren.

Die Schnittgeschwindigkeit. Bei kleinen Bohrerdurchmessern von 2,5, 4 und 6 mm ergeben sich für den Verlauf der v_{L2000}-Kurve im doppellogarithmischen Feld, ähnlich wie bei Stahl und Stahlguß, gerade Linien, die für die gleichen Werkstoffe parallel verlaufen[1]. Die aus diesen Schaubildern abgelesenen v_{L2000}-

---

[1] WALLICHS u. SCHÜLER: Techn. Z. prakt. Metallbearb. 1934 Nr. 3/4, 5/6, 7/8.

Werte sind in Abb. 46 in Abhängigkeit von der Einzellochtiefe und in Abb. 47 in Abhängigkeit vom Vorschub aufgetragen. In Übereinstimmung mit den Ergebnissen großer Bohrerdurchmesser zeigt sich, daß mit steigender Einzellochtiefe, wachsendem Vorschub und abnehmendem Bohrdurchmesser v_{L2000} abnimmt[1].

Die Querschneidenbreite, der Bohreranschliff und die Abstückung haben einen ähnlichen Einfluß wie bei Stahl und Stahlguß.

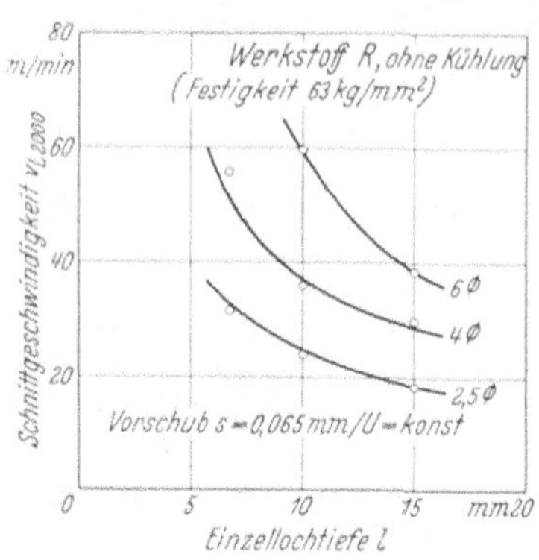

Abb. 46. Beziehung zwischen der Bohrarbeitskennziffer v_{L2000}, dem Bohrerdurchmesser und der Einzellochtiefe.

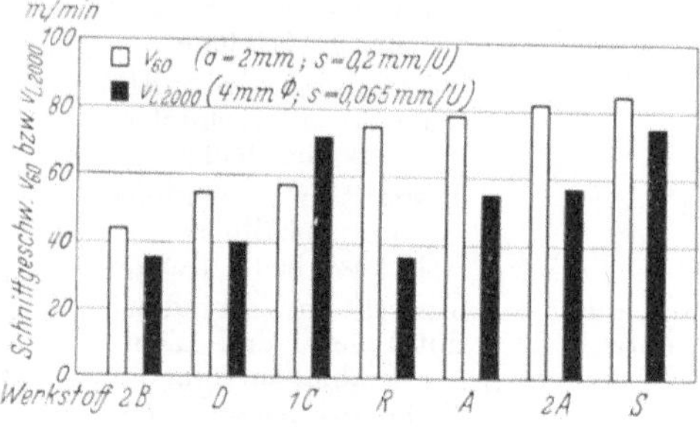

Abb. 48. Vergleich der Dreh- und Bohrarbeit von verschiedenen Automatenstählen.
Festigkeit: Werkstoff 2 B = 61,4 kg/mm²
,,   D = 58,5 ,,
,,   1 C = 63,4 ,,
,,   R = 63 ,,
,,   A = 55,8 ,,
,,   2 A = 61,8 ,,
,,   S = 66,2 ,,

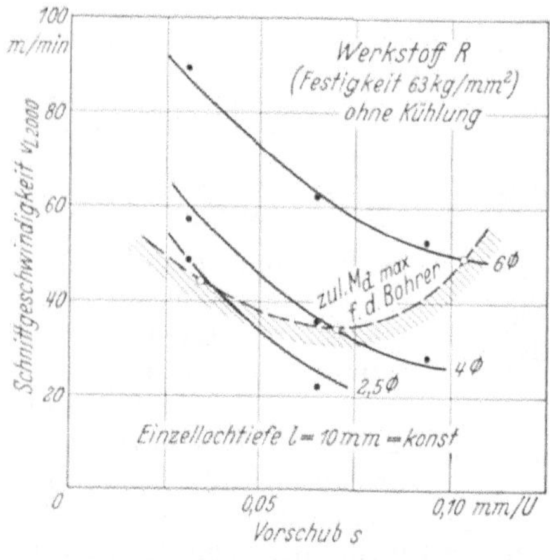

Abb. 47. Beziehung zwischen der Bohrbarkeitsziffer v_{L2000}, dem Bohrerdurchmesser und dem Vorschub.

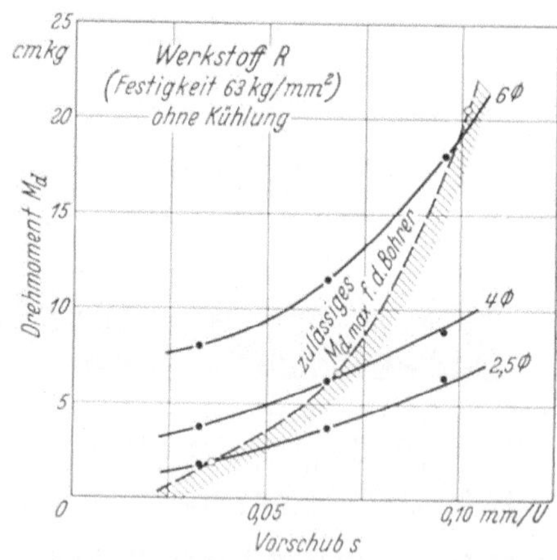

Abb. 49. Gemessene Drehmomente bei verschiedenen Bohrerdurchmessern und Vorschüben.

Vergleich zwischen Bohrbarkeit und Drehbarkeit. Es war schon früher gesagt worden, daß die Rangordnung der Zerspanbarkeit nicht für alle Arten, also Drehen, Bohren usw., gleich zu sein braucht. In Abb. 48 sind die Werte für v_{60} und v_{L2000} für sieben Automatenstähle aufgetragen. Das Schaubild ist nach steigenden v_{60}-Zahlen für Drehen geordnet. Die v_{L2000} für Bohrer zeigt ein ganz abweichendes Verhalten gegenüber der Drehbarkeit.

Die Schnittkräfte. Bei einem Automatenstahl SAE 1112, Brinellhärte 217, 0,1 C, 0,8 Mn, 0,08···0,4 P, 0,09···0,12 S, änderte sich der Bohrdruck bei 22 mm

---

[1] JANSEN: Masch.-Bau 1938 S. 455.

Bohrerdurchmesser und 0,4 mm/U Vorschub von 650 kg bei 3 mm Querschneidenbreite auf 1450 kg bei 6 mm Querschneidenbreite. Mit deutschen Automatenstählen liegen keine Ergebnisse für große Bohrerabmessungen vor. Da die amerikanischen Automatenstähle aber schwerer zu bearbeiten sind als die deutschen, dürften auch die Bohrdrücke für diese geringer sein.

Die Ergebnisse der kleinen Bohrerdurchmesser gelten für einen Werkstoff von 65 kg/mm² Festigkeit. In Abb. 49 sind die Drehmomente für die drei Bohrerabmessungen in Abhängigkeit vom Vorschub aufgetragen. Bei diesen kleinen Bohrerabmessungen ist das zulässige Höchstdrehmoment von großer Bedeutung. Nach der Formel von STOEWER[1] $M_d = 0,16 \cdot D^{2,4}$ sind diese Werte in das Schaubild eingetragen.

IV. Zerspanbarkeit von Gußeisen und Temperguß.

A. Der Werkstoff.

Gußeisen (Ge) wird aus Roheisen allein oder mit Brucheisen, Stahlabfällen und anderen Schmelzzusätzen meist im Kupolofen erschmolzen und in Formen gegossen[2]. Es wird keiner Nachbehandlung zwecks Schmiedbarmachung unterworfen. Bei Maschinengußeisen mit besonderen Gütevorschriften geben die ersten beiden Ziffern die Festigkeit und die letzten beiden die Normengruppe der 1600er Reihe an, z. B. 19.91.

Temperguß (Te)[3], früher auch schmiedbarer Guß genannt, wird aus weiß erstarrendem Gußeisen gegossen und danach durch bestimmte Glühverfahren entkohlt und die Kohlenstofform so umgewandelt, daß er zäh, hämmerbar, leicht zerspanbar und in beschränktem Maße schmiedbar ist. Je nach dem Schmelz- und Glühverfahren wird Temperguß in weißer oder schwarzer Bruchfläche erhalten. Der letztere wird als Schwarzguß bezeichnet. Die beiden ersten Ziffern geben die Mindestfestigkeit in kg/mm² an, die beiden letzten Ziffern die Normen der 1600er Reihe, z. B. 32.92.

B. Drehen.

Schnittgeschwindigkeit. Im Anschluß an die Zerspanbarkeitsprüfung der legierten und unlegierten Stähle sowie des Stahlgusses wurden die Gußeisensorten nach DIN 1691 und einige Sondersorten untersucht. Für diese Werkstoffe wurden T-v-Kurven aufgestellt, die einen ähnlichen Verlauf wie bei Stahl haben, jedoch in einem anderen Schnittgeschwindigkeitsbereich.

Als Kennzeichen der Abstumpfung des Drehmeißels wurde die Blankbremsung gewählt. Bei Gußeisen tritt nicht der blanke Streifen wie bei Stahl auf, sondern eine deutliche Dunkelfärbung der Schnittstelle mit kleinen aufgeschweißten Spanteilchen. Der Zeitpunkt der Abstumpfung der Werkzeuge ist genau so gut zu erfassen wie bei Stahl.

Aus der großen Anzahl von T-v-Kurven, die für sehr viele Gußeisensorten versuchsmäßig ermittelt wurden, läßt sich ähnlich wie für Stahl und Stahlguß ein Zerspanungsschaubild zusammenstellen[4] (Abb. 50). Da die Tafel Gültigkeit für einen Einstellwinkel $x = 45°$ hat, sind auch die Umrechnungszahlen für andere Einstellwinkel angegeben. Die Werte gelten für trockenen Schnitt. — Das Schaubild wird wie folgt betriebsmäßig verwendet:

---

[1] Stock-Z. Januar 1933 S. 27···30.
[2] Näheres s. Heft 19 der Werkstattbücher: Gußeisen.
[3] Näheres s. Heft 24 der Werkstattbücher: Stahl- und Temperguß.
[4] WALLICHS, A., u. H. DABRINGHAUS: Zerspanbarkeit des Gußeisens im Drehvorgang. Gießerei 17 (1930) S. 1169.

Ein gegebener Werkstoff von 210 kg/mm² Brinellhärte soll bei 8 mm Spantiefe und 2 mm Vorschub je Umdrehung zerspant werden. Man stellt für die Linie des Vorschubes (2 mm/U) und der Spantiefe (8 mm) den Schnittpunkt auf der von links oben nach rechts unten verlaufenden Hilfsgeraden fest. Auf dieser Geraden geht man dann nach rechts unten weiter bis zum Schnittpunkt mit dem Abszissenlot der Brinellhärte. Hierdurch ist dann die links mit 9,5 m/min abzulesende v_{60}-Zahl gegeben. Da die Werte unter genauer Einhaltung aller Versuchsbedingungen gewonnen wurden, muß man für den Betrieb bei den angegebenen Schnittgeschwindigkeitswerten einen Abzug von etwa 25 % machen. Außerdem hat sich aus den Versuchen noch folgendes ergeben:

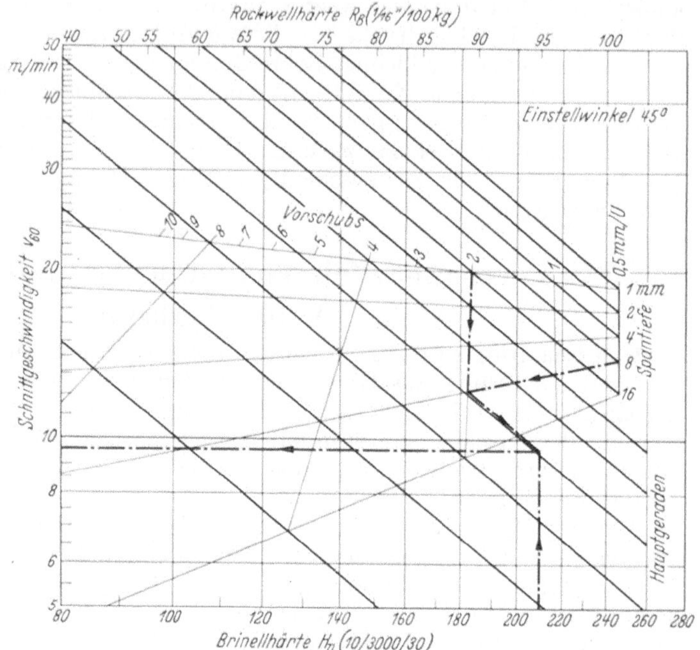

Abb. 50. Zerspanungsschaubild für Gußeisen. (Nach A. Wallichs u. H. Dabringhaus.)

Einstellwinkel	30°	45°	60°	90°
V_{60}-Zahl	1,15	1,0	0,89	0,72

Die Zerspanbarkeit des unlegierten Gußeisens im Grobschnitt ist von der Brinellhärte bzw. Festigkeit abhängig und auch von der Gefügeausbildung, aber nicht von der Analyse. Daher läßt sich die Zerspanbarkeit von Stahl bzw. Stahlguß und Gußeisen miteinander vergleichen (Abb. 51). Hier sind für die drei Werkstoffgruppen die v_{60}-Werte in Abhängigkeit von der Festigkeit aufgetragen. Die Kurven haben einen ähnlichen Verlauf, und man erkennt, daß bei gleicher Festigkeit die v_{60}-Zahl für Stahl etwa viermal so groß ist wie für Gußeisen. Dies liegt daran, daß es sich bei Gußeisen um einen Werkstoff handelt, der einen bröckeligen Span ergibt.

Bei der Prüfung des Drehens der Gußhaut konnte kein Vergleich mit dem Drehen des gesunden Werkstoffes gemacht werden, da die zu

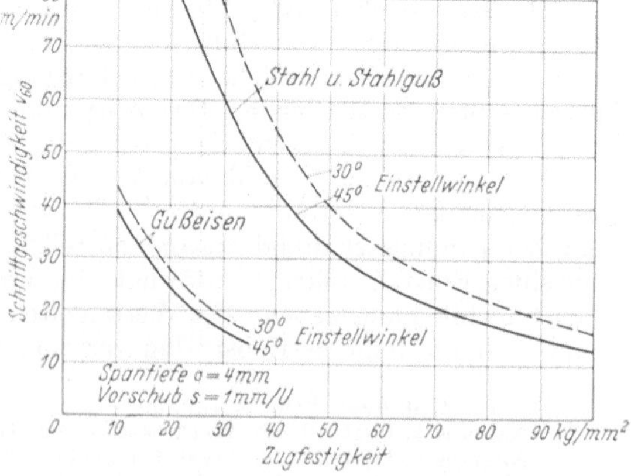

Abb. 51. Die Zerspanbarkeit des Gußeisens im Vergleich zu Stahl und Stahlguß. Einfluß des Einstellwinkels.

den Versuchen benutzten Rohre in der Form zu ungleichmäßig gegossen waren. Weiter wurde auch kein Unterschied zwischen in Lehm und in Sand gegossenen Werkstoffen gefunden.

Die Schnittkräfte sind entsprechend der geringen Festigkeit auch geringer als bei Stahl. Abb. 52 gibt einen Anhalt für die Größenordnung bei Ge 19.91 und einem σ_B von 18 kg/mm². Die Schnittdrücke für Temperguß unterscheiden sich nicht von denen für Gußeisen.

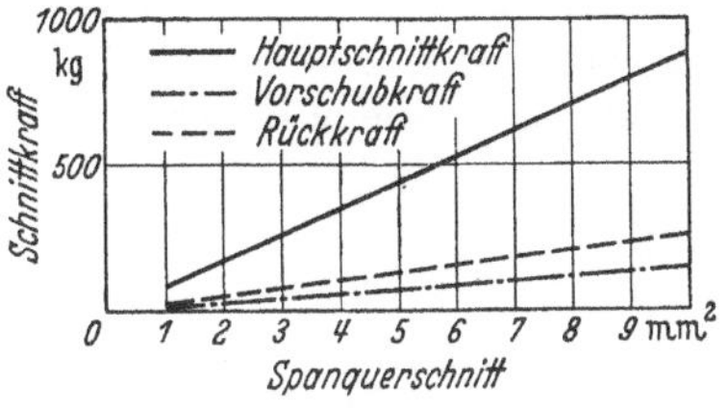

Abb. 52. Schnittdrücke beim Drehen von Ge 19.91.

Einfluß der Zusammensetzung der Werkzeuge. Die meisten Versuche bei der Gußeisenbearbeitung sind mit dem gleichen Schnellstahl gemacht worden wie bei Stahl. Für die Umrechnung der v_{60}-Werte bei anderen Werkzeugen gelten für Grauguß von 200 Brinell folgende Richtwerte[1]:

Werkzeugstahl . . . . etwa 0,3
Schnellstahl . . . . „ 1,0
Hartmetall . . . . „ 5,0 und mehr

Auf Grund werkstattmäßiger Erfahrungen werden für die wirtschaftlichen Schnittgeschwindigkeiten[2] bei den für Gußeisen besonders geeigneten Hartmetallsorten folgende Werte angegeben:

Werkstoff	Hart-metall	Schnittgeschwindigkeit v in m/min	
		Grobschnitt	Feinschnitt
Gußeisen Brinellhärte 180	G_1	60···90	90···130
Brinellhärte 180···250	H_1	40···70	70···100
Brinellhärte 250···400	H_1	30···50	50···70
Hartguß	H_1	5···10	10···20

Bei Feinstbohrwerken (Hille, Vomag, Krause usw.) wird sehr oft Grauguß von 220 Brinell verarbeitet. Mit Widia H ergaben sich folgende Werte[3]:

Spantiefe . . . . 0,05 mm
Vorschub . . . . 0,08···0,1 mm/U
Schnittgeschwindigkeit . . . 70···78 m/min

Hierbei handelt es sich um einen ausgesprochenen **Feinschnitt.**

Diamanten werden bei der Gußeisenzerspanung nicht gebraucht.

C. Bohren.

Schnittgeschwindigkeit. Die Bohrbarkeit des Gußeisens wurde in ähnlicher Weise geprüft wie bei Stahl und Stahlguß. $v_{L_{2000}}$ wurde auch wieder mit Hilfe von L-v-Kurven ermittelt. In ihrem gesetzmäßigen Ausbau zeigten sie ähnlichen Verlauf wie bei Stahl und Stahlguß. Im doppellogarithmischen Feld ergab sich jeweils eine gerade Linie, so daß Extrapolation möglich ist (Abb. 53).

Bei der Auswertung dieser Kurven ergaben sich jedoch gegenüber den anderen Werkstoffen einige grundlegende Unterschiede:

Einfluß der Einzellochtiefe. Die Gesamtbohrlänge bis zur Abstumpfung wird wieder durch Zusammenzählen der Einzellochtiefen ermittelt. In der Praxis

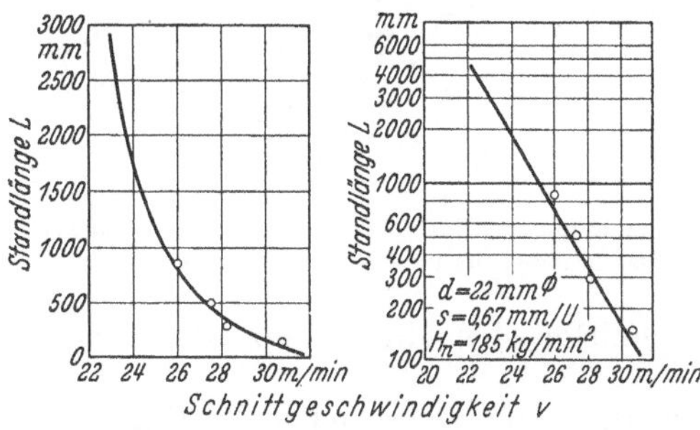

Abb. 53. L-v-Kurven beim Bohren in Gußeisen.

---

[1] Nach einer Mitteilung von F. RAPATZ.
[2] AWF-Hartmetallwerkzeuge. AWF-Mitt. 258.   [3] Nach Mitteilung von H. EICKHOFF.

sind die Einzellöcher einmal tief und einmal weniger tief. Bei Gußeisen hat im Gegensatz zu Stahlguß die wachsende Einzellochtiefe kein Absinken der anwendbaren Schnittgeschwindigkeit zur Folge. Die Härte- und Gefügeunterschiede der zahlreichen zu solchen Feststellungen benutzten Platten überdecken wahrscheinlich solche Einflüsse. Außerdem spielt die Art der Späne eine Rolle. Diese sind bei Gußeisen kurz, bröckelig und manchmal pulvrig.

Einfluß des Bohrerdurchmessers. Bei Stahlguß hatte sich gezeigt, daß die Bohrer mit größerem Durchmesser auch bei größerer Lochtiefe eine höhere Schnittgeschwindigkeit für v_{L2000} zuließen. Bei Gußeisen zeigt sich jedoch, daß Bohrer von 12···40 mm Durchmesser keinen Unterschied in der anwendbaren Schnittgeschwindigkeit ergeben. Hierbei sind die gleichen Gründe wie im vorhergehenden Abschnitt von Einfluß, wobei die Späneform von größter Bedeutung ist. Dadurch, daß die Einzellochtiefe und der Bohrerdurchmesser auf die anwendbare Schnittgeschwindigkeit ohne Einfluß sind, wird die Zusammenstellung der später zu besprechenden Bestimmungstafel sehr erleichtert.

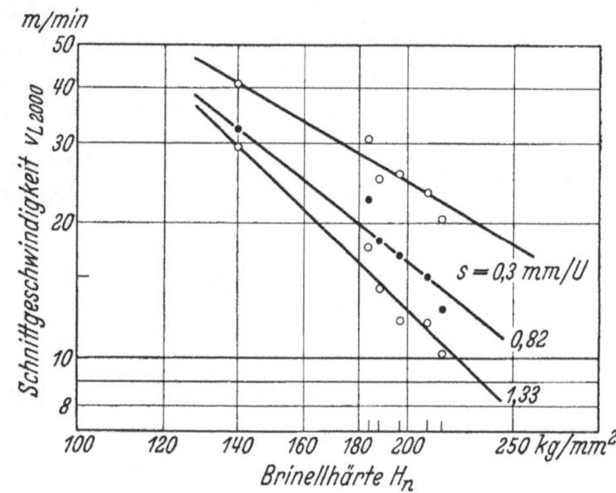

Abb. 54.   Anwendbare Schnittgeschwindigkeit für Gußeisen in Abhängigkeit von der Härte.

Einfluß der Zuspitzung und der Querschneidenbreite. Auch hier zeigt sich keine Beeinflussung der anwendbaren Schnittgeschwindigkeit. Das weniger zähe Gußeisen läßt sich durch die Querschneide leichter wegquetschen und zermalmen als der zähere Stahlguß.

Ähnlich wie bei Cr-Ni-Stählen (nach DIN 1661) durch Sonderanschliff eine Steigerung der Schnittgeschwindigkeit erreicht wird, ist dies auch bei Gußeisen möglich. Nach einem Vorschlag von STOCK[1] wird von den hinterschliffenen Rücken so viel noch weggeschliffen, daß nur ein zur Hauptschneide fasenförmig verlaufender Teil stehen bleibt. Dann wird auch noch die Ecke, wo die beiden Fasen zusammenstoßen, gebrochen. Durch diesen Sonderanschliff wurde eine um 35% höhere Schnittgeschwindigkeit erreicht. Aus den vorliegenden Ergebnissen lassen sich schon zwei praktisch verwertbare Tafeln zusammenstellen.

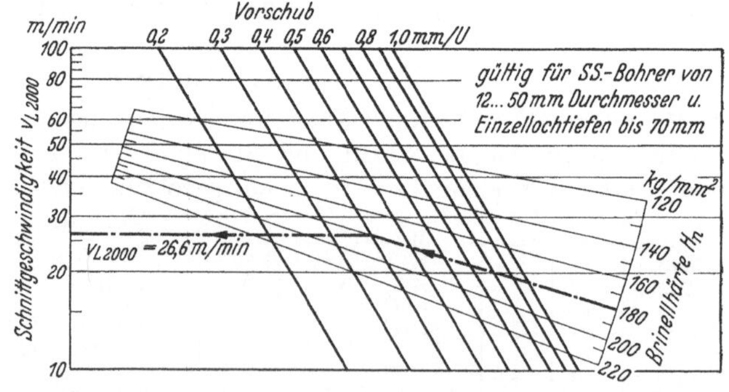

Abb. 55. Bestimmungstafel der Bohrbarkeitskennziffer v_{L2000} (anwendbare Schnittgeschwindigkeit) für das Bohren von Gußeisen.

Abb. 54 gibt die Abhängigkeit der Schnittgeschwindigkeit von der Brinellhärte für drei sehr gebräuchliche Vorschübe.

Bestimmungstafel[2]. Außerdem konnte auch eine vollständige Bestimmungstafel aufgestellt werden, da die Einschränkungen für Bohrerdurchmesser und

---

[1] Stock-Z. Bd. 2 (1929) S. 74···81.   [2] JANSEN: Masch.-Bau 1935 S. 455.

Einzellochtiefe wegfallen (Abb. 55). Sie wird in folgender Weise verwendet: Gegeben ist z. B. Gußeisen, Brinellhärte 180, Vorschub entsprechend dem Bohrerdurchmesser (17 mm) 0,4 mm/U.

Auf der Linie der Brinellhärte 180 geht man bis zum Schnittpunkt mit der Vorschublinie 0,4. Waagerecht nach links kann man auf der Ordinate dann für $v_{L_{2000}}$ den Wert 26,6 m/min ablesen. Wenn man von diesem Wert etwa 10% abzieht, da er ja unter Laboratoriumsbedingungen (also besten Verhältnissen) ermittelt wurde, so kommt man den Zahlen, wie sie von DINNEBIER und STOEWER gegeben werden, sehr nahe. Man kann von einer genügenden Übereinstimmung und daher praktischen Verwertbarkeit der Bestimmungstafel sprechen. Die ermittelten Werte zeigen entsprechend dem vorstehend Gesagten nicht so große Schnittgeschwindigkeitsbereiche wie bei Stahl und Stahlguß.

Werkstoff	Bohrer ∅	Schnittgeschwindigkeit v m/min	Vorschub s mm/U
Ge 12.91 und Ge 18.91	1···10 10···25	35···45 25	0,07···0,3 0,30···0,8
Ge 22.91 und Ge 26.91	1···10 10···12	12···18 18···20	0,05···0,2 0,20···0,3

Einfluß des Werkstoffes des Bohrers. Richtwerte für Schnellstahl (siehe nebenstehende Tabelle).

Richtwerte für Werkzeugstahl. Bei der Verwendung von Bohrern aus Werkzeugstahl soll man etwa $^1/_3$ der Schnittgeschwindigkeit und Vorschübe wie bei gutem Schnellstahl anwenden.

Richtwerte für Hartmetall. Zur Bestückung der Bohrer für Gußeisen sind nur die Hartmetallsorten (G_1, H_1, H_2) zu verwenden, die sich besonders dafür eignen. Die Schnittgeschwindigkeiten können dann bis zu 150 m/min gesteigert werden. Der Vorschub soll aber klein gewählt werden.

Die Schnittkräfte beim Bohren von Gußeisen zeigen ähnliche Gesetzmäßigkeiten wie bei Stahl und Stahlguß. Man hat auf Grund von Versuchen folgende Beziehungen für einen Bohrerdurchmesser von 22 mm aufgestellt.

Werkstoff	Achsdruck A kg	Drehmoment M_d cmkg
Gußeisen $H_n = 140$ . .	1200 · $s^{1,14}$	700 · $s^{1,14}$
$H_n = 200$ . .	2200 · $s^{1,25}$	780 · $s^{1,25}$

Bei Gußeisen zeigen auch die in den Taschenbüchern mit Hilfe von Konstanten zu errechnenden Werte ganz gute Übereinstimmung. Bei Stahl kann man dies noch nicht sagen.

Auf Grund der von F. W. HÜLLE angegebenen Werte für ein Gußeisen von $\sigma_B = 15$ kg/mm², Bohrerdurchmesser 30 mm, Vorschub $s = 0,3$ mm/U ergeben sich nebenstehende Werte.

Schnittdrücke	nach HÜLLE (errechnet)	nach Boston-Oxford (versuchsmäßig)
Drehmoment M_d cmkg	500	510
Achsdruck A kg	530	550

Bei Temperguß kann man ungefähr die gleichen Schnittdruckwerte annehmen wie bei Gußeisen.

D. Fräsen.

Die Schnittgeschwindigkeit. Aus wirtschaftlichen Gründen und zur Vereinfachung der Lagerhaltung können zum Fräsen von Gußeisen und Temperguß die gleichen Werkzeuge genommen werden wie bei Stahl und Stahlguß. Für die Schnittwinkel (rechtwinklig zur Schneidkante gemessen) gelten nebenstehende Werte.

Werkstoff	Freiwinkel α	Spanwinkel γ
Gußeisen DIN 1691 Temperguß DIN 1692	5···10°	10···15°

Die Schnittgeschwindigkeiten sind wie folgt zu wählen:

Werkstoff	Schnittgeschwindigkeit v in m/min			
	Schnellstahl		Hartmetallschneide	
	Grobschnitt	Feinschnitt	Grobschnitt	Feinschnitt
Gußeisen DIN 1691 } Temperguß DIN 1692 }	$8\cdots12$	$12\cdots20$	$50\cdots80$	$80\cdots100$

Die Vorschubwerte für Grobschnitt liegen zwischen 100 und 500 mm/min, für Feinschnitt zwischen 10 und 15 mm/min.

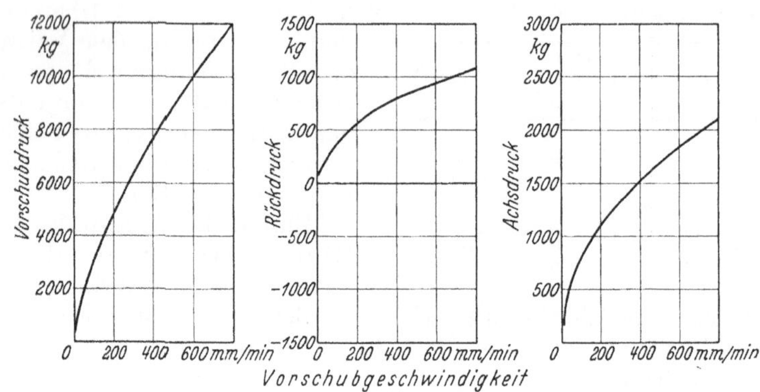

Abb. 56. Schnittdruckkomponenten in Abhängigkeit von der Vorschubgeschwindigkeit.
Werkstoff: Ge 14.91, Schnittbreite = 125 mm konst., Schnittiefe 10,6 mm konst.; Schnittgeschwindigkeit $v = 10,2$ m/min konst.

Die Schnittkräfte. Abb. 56 gibt die nach Versuchen von EISELE gemessenen größten Schnittkräfte für Ge 14.91 an, um einen Anhalt für die Größenordnung zu haben.

E. Sägen.

Beim Sägen werden die Schnittgeschwindigkeiten für Gußeisen und Temperguß auf $20\cdots40$ m/min festgelegt.

F. Gewindeschneiden.

Bei Verwendung von Schneideisen wird die Schnittgeschwindigkeit für Gußeisen auf $2\cdots3$ m/min festgesetzt, da sonst das Gewinde nicht sauber wird.

G. Räumen.

Beim Räumen von Gußeisen sind nachstehende Winkel an der Räumnadel üblich:

Tabelle[1].

Freiwinkel α . . . . $1\cdots2^0$ Spanwinkel γ . . . . $2\cdots5^0$

Die Schnittgeschwindigkeit wird meist mit 3 m/min gewählt.

H. Schleifen.

Für die Auswahl der Schleifscheiben gelten nachstehende im Betrieb erprobte Richtlinien:

---

[1] Das Bearbeiten von Kupfer mit spanabhebenden Werkzeugen. Deutsches Kupferinstitut, Berlin.

Werkstoff	Schleif-mittel	Bindung	Körnung	Härte	Schleifscheiben-geschwindigkeit m/s	Werkstück-geschwindigkeit m/min
Gußeisen Rund-schleifen	Silizium-karbid	keramisch	36	J···L	20	12···15 Grobschliff 6···10 Feinschliff
Innen-schleifen	,,	,,	36	J···K	18···20	18···22
Plan-schleifen	,,	,,	16···30	J···K	18···20	kleiner Seitenvorschub

Über die Schnittdrücke liegen Versuche von COENEN[1] vor. Nach Abb. 57 sind diese sehr klein.

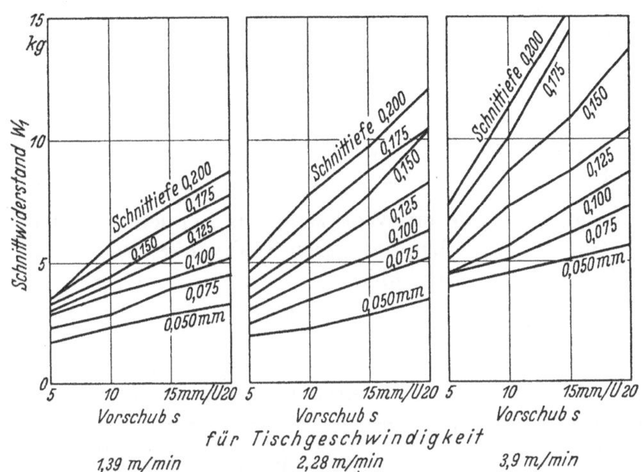

Abb. 57. Schleifwiderstand der Scheibe am Umfang in Abhängigkeit von Vorschub, Schleifbreite und Schnittiefe bei verschiedenen Tischgeschwindigkeiten. (Nach M. COENEN.)

V. Die Zerspanbarkeit von Bronze, Rotguß, Messing, Kupfer.

A. Der Werkstoff.

Bei Bronze und Rotguß (DIN 1705) hat man folgende Kurzzeichen: GBz für Gußbronze, WBz für Walzbronze, Rg für Rotguß. Die beigefügten Zahlen geben den Zinngehalt in % an, also GBz 20 bedeutet: Gußbronze 20% Zinn.

Bronze ist eine Legierung aus Kupfer und Zinn. Wenn sie mit Phosphor desoxydiert ist, wird sie mit Phosphorbronze bezeichnet.

Rotguß ist eine Legierung aus Kupfer, Zinn, Zink. Legierungen, die nur aus Kupfer und Zink bestehen, bezeichnet man mit Messing (DIN 1709); sofern sie weniger als 78% Kupfer enthalten und mehrere Zusätze, werden sie als Sondermessing bezeichnet. Man unterscheidet hier wieder Gußmessing (GMs) und Walz- und Schmiedemessing (Ms). Die beigefügte Zahl gibt den Kupfergehalt an.

Für Kupfer gilt DIN 1708.

Für diese Werkstoffgruppe liegen noch wenig versuchsmäßig ermittelte Richtlinien vor, da die Versuche sehr teuer sind und außerdem diese Werkstoffe nicht sehr häufig zerspant werden[2].

---

[1] COENEN: Masch.-Bau Bd. 11 (1932) S. 450.
[2] Die Bearbeitung von Kupfer vom Kupferinstitut Berlin 1939.

B. Drehen.

Schnittgeschwindigkeit. Über das Drehen von Automaten-Kupferlegierungen[1] liegen Ergebnisse vor[2]. Bei diesen Werkstoffen wird der Drehmeißel nicht durch Wärmeeinfluß abgestumpft, sondern durch langsamen Verschleiß bei Abrundung der Meißelspitze. Äußerlich kennzeichnet sich dieser Zeitpunkt durch ein Rauhwerden der Bolzen, verbunden mit starkem Rattern. Diese Erscheinungen treten so plötzlich auf, daß die Standzeit genügend genau bestimmt werden kann. Die T-v-Kurven ergaben im doppellogarithmischen Feld gerade Linien. Die untersuchten Werkstoffe ergaben bei nachstehender Zusammensetzung folgende v_{60}-, v_{120}- und v_{480}-Zahlen:

Werkstoff	Cu	Zn	Al	Fe	Ni	Mn	Pb	Sn	Festigkeit kg/mm²	Schnittgeschwindigkeit m/min v_{60}	v_{120}	v_{480}	Spanquerschnitt f mm²
Stahlbronze ...	83	—	10	3,5	3,5	—	—	—	91,5	37	30	18	2×0,2
Manganbronze ..	86,4	—	9,4	—	1,10	2,01	—	—	77	48	40	28	2×0,3
Aluminiumbronze .	90,5	—	9,5	—	—	—	—	—	66	68	62	48	2×0,3
Sondermessing ..	51,2	43,9	0,68	1	1,41	1,51	—	—	77	80	72	57	2×0,3
MS 58									48	85	70	45	2×0,3

Bei diesen Versuchen wurde ein Werkzeug aus Schnellstahl wie bei früheren Versuchen für Automatenstahl benutzt. Der Spanwinkel γ war 12°. Die Werte gelten auch für Kühlung mit Mineralöl.

In den Handbüchern werden für Automatenmessing Geschwindigkeiten von 120···150 m/min angegeben.

Nach einer Mitteilung von J. S. Schwietzke, Düsseldorf, werden bei Schleuderguß nachstehende Schnittgeschwindigkeiten und Vorschübe angewendet:

Werkstoff	Vorschub s mm/U Grobschnitt	Feinschnitt	Schnittgeschwindigkeit v m/min Grobschnitt	Feinschnitt
Rg 5	0,4	0,2	85	170
Rg 10	0,3	0,18	75	150
Gbz 14	0,28	0,15	70	140
Sondergußmessing nach DIN 1709	0,22	0,12	55	120

Die Schnittdrücke. Abb. 58 zeigt für einige der vorstehend aufgezählten Werkstoffe den mit elektrischer Meßdose bestimmten Hauptschnittdruck in Abhängigkeit von der Schnittgeschwindigkeit.

Die Oberflächengüte. Hinsichtlich der Oberflächengüte wurde für alle untersuchten Werkstoffe festgestellt, daß mit steigender Schnittgeschwindigkeit die Längsrauhigkeit geringer und damit die Oberfläche besser wurde.

Einfluß der Form des Werkzeuges. Die Angaben der Taschenbücher und der Praxis über die zweckmäßigsten Winkel der Drehmeißel weichen sehr voneinander ab[3]. Guttmann findet gute Spanbildung bei einem Spanwinkel γ von 0···10°. Dieser Wert

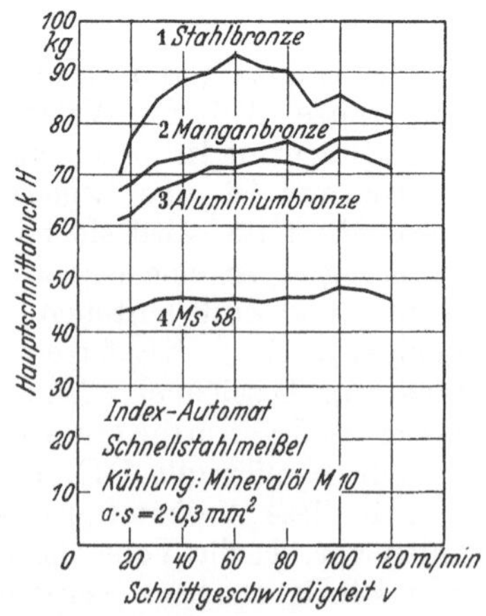

Abb. 58. Hauptschnittdruck in Abhängigkeit von der Schnittgeschwindigkeit bei Automatenkupferlegierungen.

[1] Opitz u. Zimmermann: TZ 1937.
[2] Wallichs u. Herweijer: Werkzeugmasch. Jg. 40 (1936) Heft 1 u. 2.
[3] Guttmann: Werkst.-Techn. 1932 Heft 14.

wird auch häufig in der Praxis genannt. WALLICHS-HERWEIJER finden keinen Einfluß bei den dort untersuchten Werkstoffen. — Für Hartmetallwerkzeuge werden meist größere Spanwinkel empfohlen als für Schnellstahl (s. AWF Nr. 258).

Einfluß des Werkstoffes des Werkzeuges. Als Richtwerte für das Drehen mit Hartmetallwerkzeugen (G_1) werden nebenstehende Schnittgeschwindigkeiten empfohlen.

Werkstoff	Schnittgeschwindigkeit v in m/min	
	Grobschnitt	Feinschnitt
Kupfer . . .	300···350	350···500
Messingguß . .	300···500	450···700
Rotguß . . .	300···450	400···500
Gußbronze . .	150···300	250···400

Diamanten. Die Verwendung von Diamanten hat sich gut bewährt. Die Schnittgeschwindigkeiten sollen möglichst hoch sein. Bei Kollektoren ist man schon bis zu 2500 m/min gegangen. Die Spantiefe soll unter 0,3 mm sein und der Vorschub 0,02···0,2 mm/U.

C. Bohren.

Schnittgeschwindigkeit. Bei der Untersuchung der Bohrbarkeit zeigte sich für den Werkstoff MS 58, daß bei einer Geschwindigkeit von 90 m/min und einem Vorschub von 0,1 mm/U (Bohrerdurchmesser 4 mm) kein irgendwie feststellbarer Verschleiß erzielt werden konnte. Von STOEWER werden für Messing nachstehende praktisch erprobte Werte angegeben:

Werkstoff	Durchmesser des Bohrers mm	Vorschub s mm/U	Schnittgeschwindigkeit v m/min
MS 57···60	2···5	0,1	mehr als 200, wenn es die
	6···11	0,2	Maschine zuläßt
MS 63···80	2···5	0,05	50
	6···11	0,15	
MS 90	2···5	0,05	35
	6···11	0,1	

Für die in Abb. 58 angegebene Stahlbronze, Manganbronze und Aluminiumbronze wurden genaue Schnittgeschwindigkeits-Bohrlängenkurven (L-v) aufgestellt. Im doppellogarithmischen Feld ergeben sich wie bei anderen Werkstoffen gerade Linien mit nebenstehenden $v_{L_{2000}}$-Zahlen.

Kupfer läßt sich mit Bohrern mit engem Drall gut bohren. Die Schnittgeschwindigkeit v beträgt 30···40 m/min.

Werkstoff	Bohrer-⌀ mm	Vorschub s mm/U	Schnittgeschwindigkeit $v_{L_{2000}}$ m/min
Stahlbronze . . .	4	0,07	18
Manganbronze . .	4	0,07	55
Aluminiumbronze	4	0,07	65

Die Vorschübe s werden entsprechend den für Leichtmetall festgelegten Zahlen gewählt.

Die Schnittkräfte sind von der Geschwindigkeit unabhängig. Bei einem Vorschub s von 0,03 mm/U und einem Bohrerdurchmesser von 3 mm beträgt der Achsdruck etwa 12 kg und das Drehmoment etwa 1 cmkg. Für die Stahlbronze ist der Achsdruck bei 4 mm Bohrerdurchmesser und $s = 0,02$ mm/U Vorschub etwa 40 kg. Die auftretenden Kräfte sind also im Vergleich zu anderen Werkstoffen gering, zumal große Bohrerdurchmesser selten vorkommen. Der Einfluß der Querschneidenbreite äußert sich so, daß die Drehmomente mit größerer Querschneidenbreite nicht und die Achsdrücke wenig ansteigen.

D. Senken, Reiben.

Als Schnittgeschwindigkeit für das Senken mit Spiralsenkern, Zapfensenkern und Messerstangen werden folgende praktisch erprobte Zahlen angegeben:

Werkstoff	Schnittgeschwindigkeit v in m/min					
	Spiralsenker aus		Zapfensenker aus		Messerstangen aus	
	Werkzeugstahl	Schnellstahl	Werkzeugstahl	Schnellstahl	Werkzeugstahl	Schnellstahl
Bronze DIN 1705 . .	5⋯10	10⋯20	5⋯8	8⋯14	4⋯6	5⋯8
Rotguß DIN 1705 und Messing DIN 1709 .	14⋯18	25⋯40	10⋯15	20⋯30	10⋯15	20⋯30

Die Vorschübe für Senken und Reiben können für Bronze, Rotguß und Messing aus Heft 16: Senken und Reiben entnommen werden.

Für das Reiben sind nebenstehende praktisch erprobte Zahlen verwendbar.

Werkstoff	Schnittgeschwindigkeiten v in m/min	
	Reibahle aus:	
	Werkzeugstahl	Schnellstahl
Bronze DIN 1705 . .	3⋯4	4⋯5
Rotguß DIN 1705 . . / Messing DIN 1709 . .	8⋯12	10⋯15

E. Fräsen.

Schnittgeschwindigkeit. Der Zerspanungswiderstand von Messing ist sehr gering, so daß der Vorschub nach oben nur durch die Maschine begrenzt ist. Die Schnittgeschwindigkeit v ist auch höher als bei Stahl und Gußeisen. BRÖDNER[1] gibt ein Arbeitsbeispiel an: Bei einer Schnittiefe von 5 mm und Breite von 40 mm, $v = 271$ m/min Schnittgeschwindigkeit, wurde ein Vorschub von $s = 2100$ mm/min angewendet. Allgemeine Richtlinien gibt die nachstehende Tabelle:

Werkstoff	Schnittgeschwindigkeit v in m/min			
	Schneiden aus:			
	Schnellstahl		Hartmetall	
	Grobschnitt	Feinschnitt	Grobschnitt	Feinschnitt
Bronze DIN 1705 und Messing DIN 1709	20⋯25	30⋯50	90⋯120	bis 300

F. Sägen und Feilen.

Für Messing und Kupfer nach DIN 1709 und 1708 werden Schnittgeschwindigkeiten v bis 200 m/min angewendet.

G. Gewindeschneiden.

Beim Gewindeschneiden können für diese Werkstoffe höhere Schnittgeschwindigkeiten angewandt werden, als sonst üblich. Für Messing haben sich Schnittgeschwindigkeiten v von 30⋯60 m/min bewährt. Sogar für Schneideisen kann die Geschwindigkeit noch 10⋯50 m/min sein.

H. Räumen.

Beim Räumen beträgt der Spanwinkel $\gamma = 2\cdots5^0$, der Rückenwinkel $\alpha = 1\cdots1{,}5^0$, die Fasenbreite $0{,}4\cdots1$ mm. Die Schnittgeschwindigkeit v wird meistens mit 2 m/min eingestellt.

I. Schleifen.

Beim Schleifen sind nachstehende Geschwindigkeiten und Scheibenzusammensetzungen üblich:

---

[1] BRÖDNER: Zerspanung von Werkstoffen. VDI-Verlag 1934. Dort befindet sich auch eine vollständige Quellenangabe für alle Zerspanungsergebnisse.

Werkstoff	Schleif-mittel	Bindung	Körnung	Härte	Schleifscheiben-geschwindigkeit m/s	Werkstück-geschwindigkeit m/min
Kupfer-legierungen Rund-schleifen	Silizium-karbid	keramisch	24···46	J···K	30	18···20 Grobschliff 14···16 Feinschliff
Innen-schleifen	,,	,,	36···60	J···K	30	28···30

VI. Die Zerspanbarkeit von Zinklegierungen[1].

A. Der Werkstoff.

Zink ist ein heimischer Rohstoff und wird in Deutschland hauptsächlich aus Zinkblende (ZnS) oder aus Zinkspat (Galmei) ($ZnCO_3$) gewonnen. Bei den Legierungen kommt als Grundmetall vorwiegend Feinzink mit einem Reinheitsgrad von 99,99 % in Frage. Als Legierungsmetalle werden hauptsächlich Aluminium, Kupfer und Magnesium verwendet. Für die spanabhebende Bearbeitung kommen nachstehende Legierungen in Frage:

Gattung	Zustand	Wichte kg/dm³	Zugfestigkeit kg/mm²	Bruchdehnung δ_{10} %	Brinellhärte 5/250/30 kg/mm²
GZn-Al 1	Sandguß Kokillenguß	7,1	10···14 14···20	1,5···0,5 3···1	75···85 80···90
GZn-Al 4-Cu 1 . .	Sandguß Kokillenguß	6,7	18···24 20···25	1,5···0,5 2,5···1	70···90 80···100
GZn-Al 6-Cu 11 .	Sandguß Kokillenguß	6,5	18···23 23···28	3···1,5 4···2	85···95 90···100
Zn-Al 1	Kaliber gewalzt und nachgezogen	7,1	18···25	80···40	40···50
Zn-Al 4-Cu 1 . . .	gepreßt und nachgezogen gewalzt	6,7	37···44 40···50	12···8 15···8	90···105 100···140
Zn-Cu 1	gewalzt oder gepreßt und nachgezogen	7,2	20···30	100···30	45···75
Zn-Cu 4 A	gepreßt und nachgezogen	7,2	30···36	20···10	75···90

Da diese Legierungen immer mehr im Austausch gegen Messing und Leichtmetall eingesetzt werden, kommt der Zerspanbarkeit erhöhte Bedeutung zu. Zinklegierungen neigen besonders bei hoher Dehnung leicht zu langen und nach allen Richtungen gewundenen Spänen sowie zum Schmieren.

Dem arbeitet man entgegen durch geeignete Zusätze in den Legierungen (ZnCu 4 A für Automatenarbeit) und durch entsprechende Formen der Werk-

---

[1] PONTANI, Dr. H., u. Ing. H. BARBIER, Berlin: Zerspanen von Zinklegierungen. Masch.-Bau/Betrieb Jg. 19 (1940) S. 149···151. — Dieselben: Über spanabhebende Bearbeitung von Zinklegierungen. Metall u. Erz Jg. 37 (1940) Heft 1. — Zerspanung von Zinklegierungen. Merkblatt Nr. 24 (März 1942). Zinkberatungsstelle. — Zinklegierungen für Sand-, Kokillen- und Schleuderguß und Zinkknetlegierungen. Merkblatt Nr. 15 u. 22 (Juli 1942). Zinkberatungsstelle. — Zerspanen von Zinklegierungen I und II. Betr.-Arch., Z. Masch.-Bau/Betrieb 1941 Heft 4 u. 1942 Heft 2.

zeuge. Davon abgesehen, kann man sagen, daß sich Zinklegierungen gut zerspanen lassen, da Schnittemperaturen und Schnittkräfte gering sind.

B. Drehen.

Da sich beim Drehen von Zinklegierungen sehr leicht eine Aufbauschneide (s. S. 17) mit ungünstigem Einfluß auf die Oberflächengüte des Werkstückes bildet, muß die Schnittgeschwindigkeit mit $60 \cdots 200$ m/min möglichst hoch sein. Die Spanwinkel sollen mit Ausnahme von Zn-Cu 4 A möglichst groß sein (DIN 768, s. S. 10).

  Spanwinkel . . . . $10 \cdots 25^0$
  Freiwinkel . . . . $10 \cdots 12^0$
  Keilwinkel . . . . $70 \cdots 53^0$

Bei ZnCu 4 A handelt es sich um eine ausgesprochene Automatenlegierung mit günstiger Spanform, bei der sich nachstehende Schneidenwinkel bewährt haben:

  Spanwinkel . . . . 0^0
  Freiwinkel . . . . $6 \cdots 10^0$
  Keilwinkel . . . . $84 \cdots 80^0$

Für die Schnittgeschwindigkeit und den Vorschub gelten folgende Werte: Die Spantiefe kann beliebig groß eingestellt werden, da sie von geringem Einfluß auf die Haltbarkeit der Drehwerkzeuge ist. Die Verwendung einer Schneidflüssigkeit ist notwendig.

Arbeitsgang	Schnittgeschwindigkeit m/min	Vorschub mm/U
Grobschnitt . .	$80 \cdots 200$	$0,15 \cdots 0,25$
Feinschnitt . .	$80 \cdots 200$	$0,08 \cdots 0,15$
Einstechen . .	$80 \cdots 150$	$0,02 \cdots 0,04$

C. Bohren.

Nach Möglichkeit sind zwecks einer guten Spanabfuhr Bohrer mit großen Spannuten zu verwenden. Bohrer mit 20^0 Drallwinkel und 130^0 Spitzenwinkel haben sich bewährt. Die Querschneide soll angespitzt sein. Für die Schnittgeschwindigkeit und den Vorschub gelten nebenstehende Werte.

D. Senken und Reiben.

Das Aufbohren vorgegossener Löcher kann sowohl mit Senkern nach DIN 343 als auch mit Aufstecksenkern nach DIN 222

Arbeitsgang	Bohrer - ⌀ mm	Schnittgeschwindigkeit m/min	Vorschub mm/U
Bohren mit und ohne Bohrtisch	bis 4	$60 \cdots 90$	bis 0,10
	$4 \cdots 10$		$0,12 \cdots 0,15$
	$10 \cdots 21$		$0,15 \cdots 0,20$
	20 und mehr		$0,20 \cdots 0,40$

durchgeführt werden. Der Vorschub ist bei gleicher Schnittgeschwindigkeit doppelt so groß wie beim Bohren. Beim Reiben werden maßhaltige Bohrungen mit folgenden Untermaßen vorgebohrt:

  bei 2 mm ⌀ . . . . etwa 0,15 mm
  bei 50 mm ⌀ . . . . etwa 0,4 mm
  bei 100 mm ⌀ . . . . etwa 0,6 mm

Es sind Reibahlen mit geraden oder spiralförmigen Nuten gebräuchlich. Für Schnittgeschwindigkeit und Vorschub gelten nebenstehende Werte.

Arbeitsgang	Schnittgeschwindigkeit m/min	Vorschub mm/U
Reiben	$5 \cdots 14$	je nach ⌀ $0,1 \cdots 0,7$

E. Fräsen.

Für das Fräsen sind wie bei der Bearbeitung von Leichtmetall große Zahnteilung und große Schnittwinkel vorteilhaft.

  Spanwinkel . . . . 25^0
  Freiwinkel . . . . 8^0
  Drallwinkel . . . . $20 \cdots 40^0$

Man kann im Gleichlauf und Gegenlauf fräsen. Die Schnittgeschwindigkeit soll 100···200 m/min und der Vorschub 200···600 mm/min sein.

Bei mit Hartmetall bestückten Messerköpfen geht man mit der Schnittgeschwindigkeit auf 400 m/min, mit dem Vorschub bis zu 1200 mm/min.

F. Sägen.

Bei Bandsägen ist auf große Zahnteilung und glatte Ausrundung des Zahngrundes zu achten. Bei Kreissägen muß der Blattdurchmesser im Verhältnis zum Werkstückdurchmesser so klein wie möglich gehalten werden. Blätter unter 1,5 mm Dicke sind nicht zu verwenden. Schnittgeschwindigkeit bis 600 m/min und Vorschub bis 2000 mm/min.

G. Feilen.

Gehauene, sonst gebräuchliche Feilen sind ungeeignet. Man muß gefräste Feilen mit Zahnlücken und Spanbrechernuten verwenden (Abb. 59).

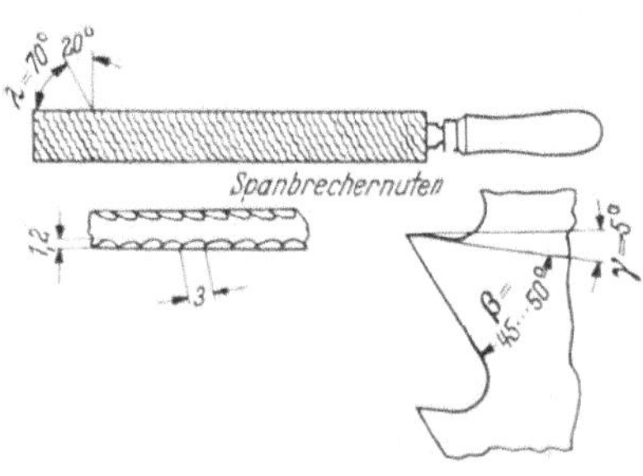

Abb. 59. Schnittwinkel an Fräserfeilen für Zinklegierungen.

H. Gewindeschneiden.

Bei der Bearbeitung von Außengewinden werden vorteilhaft selbstöffnende Schneidköpfe verwendet, da hier durch Wegfall des Rücklaufs Beschädigungen vermieden werden. Bei Innengewinden ist auf große Spannuten und großen Schnittwinkel zu achten. Die Vorbohrung ist 0,1 bis 0,2 mm größer zu halten als der Kerndurchmesser des Gewindes. In allen Fällen genügen Einzelschneiden. Die Schnittgeschwindigkeit beträgt 15···25 m/min.

I. Schleifen.

Hierbei handelt es sich in den meisten Fällen um Entgraten. Bakelitgebundene Siliziumkarbidscheiben der Härte L haben sich bewährt. Die Körnung soll grob (etwa Korn 30) sein, um ein Verschmieren der Scheibe zu verhindern. Schnittgeschwindigkeit wie üblich 25···30 m/s.

VII. Die Zerspanbarkeit von Aluminium und Aluminiumlegierungen.

A. Der Werkstoff.

Die Daten für Reinaluminium sind in DIN 1712 zusammengestellt. Da die Reinheitsgrade heute höher liegen, ist eine Neubearbeitung vorgesehen. Die in der Praxis bewährten Aluminiumlegierungen sind in DIN 1713 zusammengestellt. Man hat 8 Gattungen Knet- und 9 Gattungen Gußlegierungen aufgenommen. Die Reihenfolge der angegebenen Legierungen entspricht der geschichtlichen Entwicklung. Sie sind gekennzeichnet durch:

1. Bezeichnung in Worten, z. B. Aluminium-Knetlegierungen mit Kupfer und geringem Magnesiumgehalt,

2. ein Kurzzeichen, z. B. Al — Cu — Mg,

3. Angabe der kennzeichnenden Eigenschaften.

Das Normblatt zeichnet sich bei der Vielgestaltigkeit der auf dem Markt befindlichen Werkstoffe durch große Übersichtlichkeit aus.

Durch die ständig wachsende Anwendung der Aluminiumlegierungen hat die Zerspanbarkeit eine besondere Bedeutung bekommen[1]. Anfangs hat man die Erfahrungen der Stahlbearbeitung auch auf diese Werkstoffe übertragen. Man hat dadurch viele Fehlschläge gehabt, ehe man erkannte, daß für die Leichtmetalle folgende Gesetze gelten:

1. Die Schnittgeschwindigkeit sollte möglichst hoch sein. Dies läßt sich meist nur mit Sondermaschinen oder eigens dafür hergerichteten Maschinen erreichen.

2. Die Werkzeuge sollten in ihrer Form dem besonderen Zweck angepaßt sein.

Die Zerspanbarkeit der Werkstoffe hängt weniger von der Härte als von der chemischen Zusammensetzung ab. Ein Kupferzusatz erleichtert durch Härtung der Grundmasse die Zerspanbarkeit. Die kupferfreien Legierungen neigen zum Kleben. Ein Mittel gegen das Kleben ist das Verchromen der Spanfläche bei solchen Werkzeugen, die nicht an der Spanfläche nachgeschliffen werden. Bei Siliziumlegierungen liegt das Eutektikum bei $12{,}8\%$ Siliziumgehalt. Bei höherem Gehalt scheidet sich das Silizium primär aus und wirkt stark verschleißend auf die Werkzeuge. Beim Kokillenguß verwendet man für schwierige Formen aus gußtechnischen Gründen übereutektische Legierungen. Sobald aber an solchen Gußstücken größere Zerspanungsarbeiten auszuführen sind, sollen auch hier wie bei Sandguß und Spritzguß untereutektische Zusammensetzungen gewählt werden.

Bei Zerspanung der Siliziumlegierungen sind wegen der Verschleißwirkung vorwiegend Hartmetallwerkzeuge zu benutzen.

B. Drehen.

Schnittgeschwindigkeit. Die besonderen physikalischen Eigenschaften der Leichtmetalle, wie geringe Kerbzähigkeit, hohe Wärmeleitfähigkeit und geringe Härte bedingen besonders geformte Werkzeuge und hohe Schnittgeschwindigkeiten, um einen sauberen Schnitt zu erhalten. Für die Spanform soll als Richtlinie gelten: große Spantiefe, kleiner Vorschub. Reinaluminium und einige seiner Legierungen neigen zum Kleben, so daß hier die Anpassung der Schnittwinkel sehr wichtig ist. Für weiches Reinaluminium ist ein Keilwinkel β von $30\cdots35^0$ am vorteilhaftesten. Die nachstehende Tabelle gibt die geeigneten Schnittwinkel für verschieden harte Leichtmetalle an. Die zu den einzelnen Brinellhärten gehörenden Werkstoffe sind aus DIN 1713 zu entnehmen.

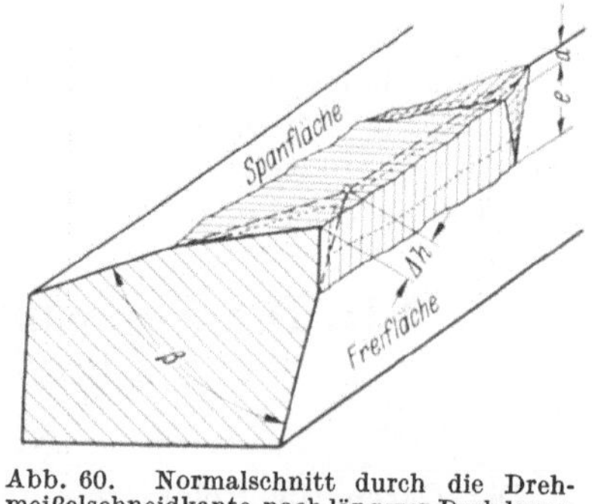

Abb. 60. Normalschnitt durch die Drehmeißelschneidkante nach längerer Drehdauer. Die ursprüngliche Form der Schneidkante ist gestrichelt und zwei Zustände des zunehmenden Meißelverschleißes sind punktiert und dick eingezeichnet.
a = Schneidkantenversetzung (SKV) auf der Freifläche; e = Verschleißmarkenbreite (VB) auf der Freifläche; $\varDelta h$ = Zurücksetzung der Schneidkante.

Brinellhärte der Werkstoffe kg/mm²	Winkel an der Schneide		
	Freiwinkel α	Keilwinkel β	Spanwinkel γ
etwa 50	$6\cdots10^0$	$30\cdots35^0$	$54\cdots45^0$
50$\cdots$80	$6\cdots10^0$	$35\cdots45^0$	$49\cdots35^0$
über 80	$6\cdots10^0$	$45\cdots50^0$	$39\cdots30^0$

Die Schnittgeschwindigkeiten v sollen für den Grobschnitt $200\cdots500$ m/min und für den Feinschnitt $600\cdots1200$ m/min betragen. Bei möglichst großer Schnittiefe soll der Vorschub $s = 0{,}1\cdots1$ mm/U sein. Bei Siliziumlegierungen gilt diese Tabelle nicht; sie werden am besten mit Hartmetallwerkzeugen bearbeitet (s. S. 56).

---

[1] Bei diesem Abschnitt sind die Unterlagen aus dem Aluminiumtaschenbuch, 6. Aufl. (1936) mit verwertet. Siehe auch Heft 53 der Werkstattbücher: Nichteisenmetalle, 2. Teil: Leichtmetalle, 2. Aufl. (1942).

Für Leichtmetalle sind Standzeitversuche auf Grund von Verschleißmessungen an den Werkzeugen entwickelt worden, da eine ausgesprochene Blankbremsung wie bei der Stahlbearbeitung nicht eintritt[1,2]. Nach längerer Drehdauer tritt eine Schneidkantenversetzung auf der Freifläche mit einer Verschleißmarkenbreite (Abb. 60) auf, die meßtechnisch nach bestimmten Versuchsintervallen gemessen wird. Ähnlich wie bei Stahlbearbeitung lassen sich Standzeitschaubilder aufstellen (Abb. 61).

Schnittkräfte. Über Schnittkräfte liegen wenig Angaben vor. Um aber einen Anhalt für die Größenordnung zu haben, und um den Einfluß der Keilwinkel zu zeigen, sei Abb. 62[3] angegeben. Ob die Schnittdrücke einen Zusammenhang mit der Zerspanbarkeit haben, ist noch gänzlich ungeklärt.

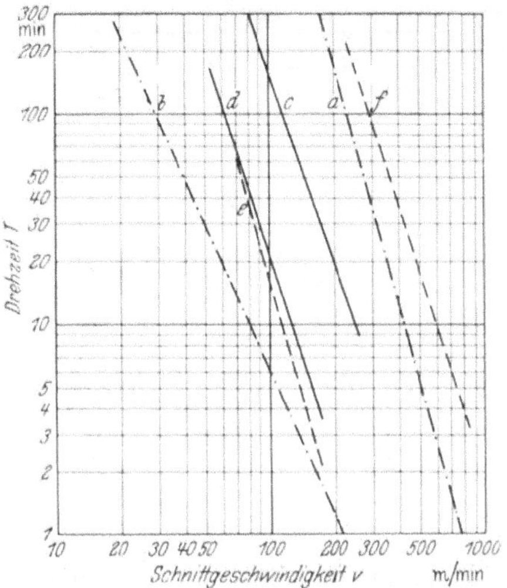

Abb. 61. Drehzeit-Schnittgeschwindigkeits-Schaubild für verschiedene Leichtmetallegierungen im Vergleich zu Messing.
Spanquerschnitt: $as = 2 \cdot 0,1$ mm², Brinellhärte: $H\,2,5/62,5/30$. a = Aluminiumlegierung Gattung Al-Cu-Mg, $H = 116$ kg/mm²; b = Aluminiumlegierung Gattung Al-Cu-Mg, $H = 128$ kg/mm²; c = Automatenleichtmetall, $H = 103$ kg/mm²; d = Automatenleichtmetall, $H = 138$ kg/mm²; e = Aluminiumbronze, $H = 195$ kg/mm²; f = Messing Ms. 58, $H = 128$ kg/mm². Verschleißmarkenbreite $VB = 0,1$ mm.

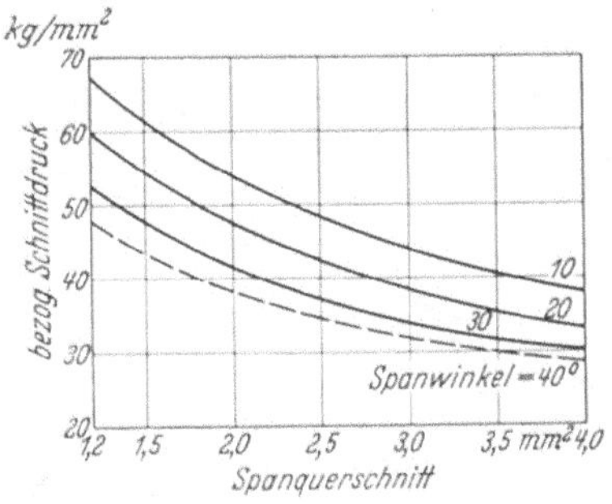

Abb. 62. Abhängigkeit des Schnittdrucks vom Spanwinkel bei verschiedenen Spanquerschnitten. Werkstoff: Silumin-Kokillenguß 17 kg/mm² Festigkeit.

C. Bohren.

Auch beim Bohren sind besonders geformte Werkzeuge vorteilhaft. Kennzeichnend sind der enge Drall und weite Nuten, die leichtes Schneiden und gute Spanabfuhr bedingen.

Abb. 63a zeigt einen Bohrer für weiche Aluminiumlegierungen und Abb. 63b für harte Legierungen und geringe Lochtiefe.

Bei dem flachen Spitzenanschliff von 140° werden dünne Werkstücke beim Durchbohren nicht hochgerissen. Beim Bohren von Löchern unter 1 mm Durchmesser wer-

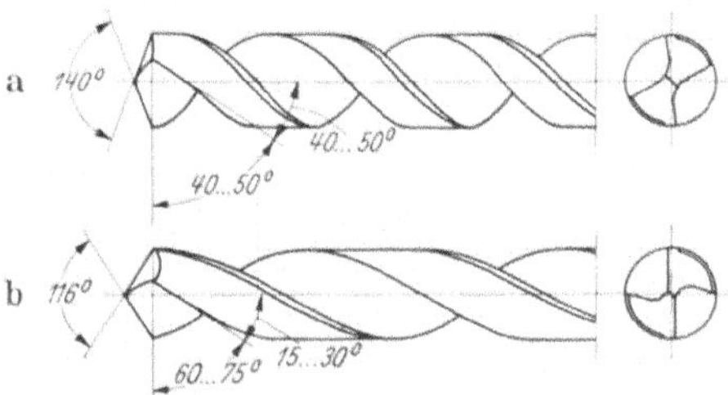

Abb. 63. Bohrerformen für Leichtmetall-Legierungen.

den die normalen Bohrer benutzt, da bei den kleinen Abmessungen Drall und Nuten ohne Einfluß sind.

Schnittgeschwindigkeit. Man kann die Schnittgeschwindigkeit bei allen Leichtmetallen höher wählen als bei Stahl. Wirtschaftliche Schnittgeschwindigkeiten v

[1] WALLICHS u. HUNGER: Untersuchung der Drehbarkeit von Leichtmetallen. Masch.-Bau 1937 S. 81···86.
[2] OPITZ u. ZIMMERMANN: Die Automatenleichtmetalle und ihre Zerspanbarkeit. VDI Bd. 81 (1937) S. 1085···1087.
[3] ZERRLEDER: Schweiz. techn. Z. 1933 Nr. 15/16.

liegen zwischen 60 und 300 m/min. Falls die Geschwindigkeiten aus anderen Gründen, z. B. an Automaten, nicht so hoch gewählt werden können, arbeitet man mit 40···50 m/min. Einen Überblick über die Schnittgeschwindigkeit und den Vorschub gibt Abb. 64. Der Vorschub in Abhängigkeit vom Bohrerdurchmesser ist aus der gekrümmten Kurve und der linken Teilung zu entnehmen, die Schnittgeschwindigkeit und die Drehzahl an der Geraden aus der rechten Teilung. Bei vergüteten (ausgehärteten) Werkstoffen können demnach wesentlich höhere Vorschübe gewählt werden, da diese Stoffe nicht kleben.

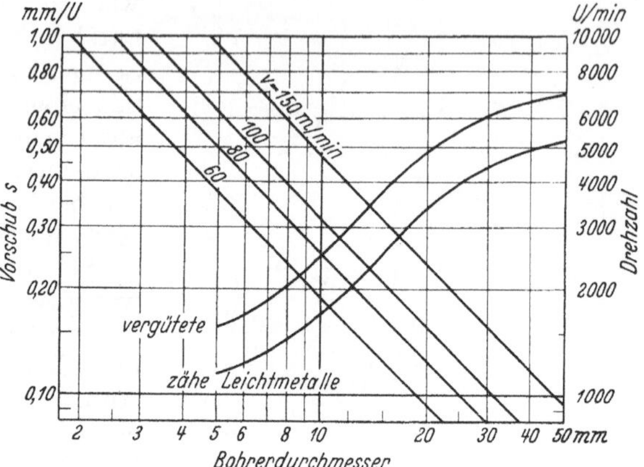

Abb. 64. Abhängigkeit des Vorschubs und der Drehzahl vom Bohrerdurchmesser.

Beim Bohren mit kleinerem Durchmesser kann man so hohe Geschwindigkeiten wegen der begrenzten Drehzahlen der Maschinen nicht erzielen. Hier muß man besonders auf die Späneförderung achten, da sonst die kleinen Bohrer infolge der geringen Verdrehungsfestigkeit abbrechen.

Beim Bohren mit Bohrbüchsen soll die Geschwindigkeit nicht über 70 m/min gewählt werden, da der Bohrer sonst an der Wand der gehärteten Büchsen zu stark reibt und die Fasen stumpf werden.

Die Schnittkräfte (Drehmoment und Vorschubdruck) sind bedeutend geringer als bei Stahl[1]. Über die Größenordnung gibt Abb. 65 einen Anhalt.

Beim Bohren tiefer Löcher ist der Vorschub entsprechend einzustellen: kleiner Vorschub bei Elektron, großer Vorschub bei Aluminium, jedoch soll der Vorschub mit Rücksicht auf die Oberflächengüte und die Maßhaltigkeit nicht zu hoch gewählt werden. Bei weichen Werkstoffen entstehen beim Ausheben des Bohrers leicht Riefen. Bei tiefen Bohrungen werden die Wände des Bohrloches sehr oft durch zusammengeballte Späne zerkratzt.

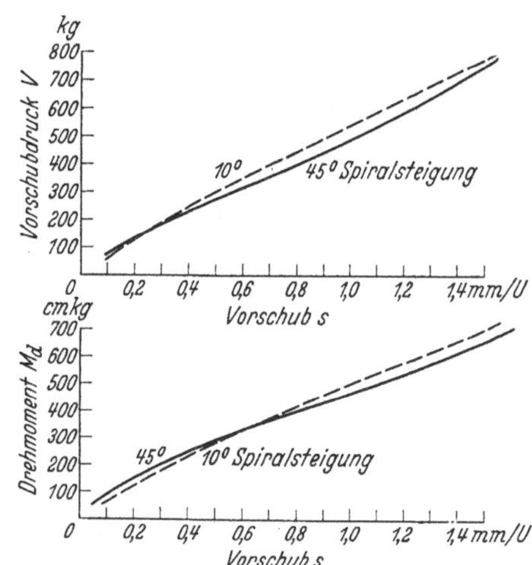

Abb. 65. Vorschubdruck und Drehmoment beim Bohren von Elektron in Abhängigkeit vom Vorschub bei verschiedenen Spiralsteigungen, Bohrer 20 mm Durchmesser, Bohrtiefe 100 mm, Schnittgeschwindigkeit 110 m/min.

D. Senken, Reiben.

Zur Bearbeitung vorgegossener Löcher bedient man sich eines Senkers mit engem Drall. Spiralsenker für Löcher bis 52 mm Durchmesser werden mit 3 Schneiden, Aufstecksenker ab 24 mm Durchmesser mit 4 und mehr Schneiden ausgeführt[2].

---

[1] Stoewer: Bohren tiefer Löcher. Masch.-Bau Bd. 11 (1932) S. 469.
[2] Näheres s. Heft 16 der Werkstattbücher: Senken und Reiben.

Die Arbeitsbedingungen sind ähnlich wie beim Bohren von Leichtmetallen. Bei größerem Durchmesser ist es jedoch besser, den Vorschub zu erhöhen und die Schnittgeschwindigkeit zu verringern. Beim Reiben sind einige wichtige Punkte zu beachten. Abb. 66 zeigt die Abhängigkeit des Vorschubes (linke Teilung und gekrümmte Kurven) sowie der Schnittgeschwindigkeit und Drehzahlen (rechte Teilung und gerade Linien) vom Reibahlendurchmesser. Die Schnittgeschwindigkeit v kann unter Umständen bis 50 m/min erhöht werden. Ein Wetzen der Reibahle ist nur beim Anschnitt notwendig. Dies soll aber aus den bekannten Gründen maschinell geschehen.

Bei kleinen Bohrungen werden den Reibahlen mit geraden Zähnen, bei größeren Bohrungen Reibahlen mit gewundenen Schneiden genommen.

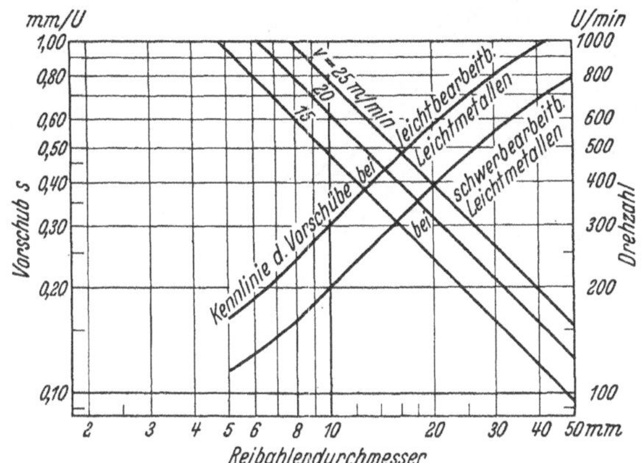

Abb. 66. Abhängigkeit des Vorschubs und der Drehzahl vom Reibahlendurchmesser.

Beim Ausreiben von etwa 0,1 mm sind gerade genutete Werkzeuge besser, da diese Schneiden die dünnen Späne besser fassen und den Werkstoff nicht quetschen.

E. Fräsen.

Zum Fräsen der Leichtmetalle hat man besondere Formen der Fräser entwickelt, die große Spanräume haben. Nachstehende Frei- und Spanwinkel haben sich bewährt:

Werkstoff	Freiwinkel α	Spanwinkel γ
Leichtmetall DIN 1713 . . .	$10\cdots15^0$	$30\cdots40^0$

Für die Schnittgeschwindigkeit gelten folgende Richtlinien, die sich aber meist nur auf Sondermaschinen erreichen lassen:

$$\text{Grobschnitt} \ldots\ldots\ldots v = 400\cdots1200 \text{ m/min}$$
$$\text{Feinschnitt} \ldots\ldots\ldots v = 600\cdots1500 \text{ m/min}$$

Bei siliziumhaltigen Werkstoffen nimmt man die kleinen Werte, bei Reinaluminium und ausgehärteten Legierungen die größeren. Für die höheren Geschwindigkeiten kann die Zähnezahl klein gehalten werden, um den Spanraum zu vergrößern. Bei kleinen Schnittgeschwindigkeiten muß zur Erzielung einer besseren Oberfläche eine größere Zähnezahl bei kleinen Vorschüben genommen werden.

Der Vorschub ist so zu wählen, daß die Späne gut gefördert werden und die Schnittfläche sauber wird. Als Richtlinie für den Vorschub kann gelten, daß er in mm/min doppelt so hoch sein kann wie die Schnittgeschwindigkeit in m/min[1], d. h. also, bei einer Schnittgeschwindigkeit $v = 200$ m/min kann der Vorschub $s = 400$ mm/min sein.

Abb. 67 gibt den Zusammenhang zwischen Fräserdurchmesser, Schnittgeschwindigkeit, Spindeldrehzahl und Vorschub auf Grund praktischer Erfahrungen. Zur Erzeugung ebener Flächen werden mit Erfolg Messerköpfe angewendet. Durch

---

[1] Nach Angabe von R. Stock & Co.

Vergrößerung des Durchmessers kann dann auch bei langsam laufenden Maschinen eine wirtschaftliche Schnittgeschwindigkeit erzielt werden.

F. Sägen.

Bei Leichtmetallkreissägen sind die Spanräume besonders groß ausgeführt, um auch bei Kleben der Werkstoffe das Festklemmen der Späne zu verhindern. Gegenüber Stahlbearbeitung können größere Vorschübe bei kleinerem Kraftbedarf angewendet werden. Die Durchmesser der Sägen sind aus Gründen der Festigkeit nicht größer zu wählen als für den abzutrennenden Teil notwendig ist. Auch wird der Schnitt um so genauer, je stärker das Sägeblatt ist. Für die Schnittgeschwindigkeit gelten folgende Richtlinien:

für zähe | Leicht- ∫ $v = 200 \cdots 400$ m/min
für harte ∫ metalle | $v = 200 \cdots 800$ m/min

Bei leichten und kurzen Schnitten kann die Geschwindigkeit beliebig hoch genommen werden.

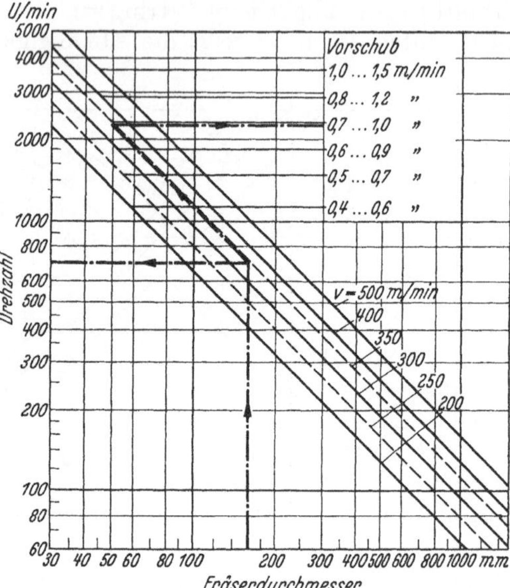

Abb. 67. Schnittgeschwindigkeit, Spindeldrehzahl und Vorschub beim Fräsen von Leichtmetall.

Die Richtwerte für den Vorschub können aus Abb. 67 entnommen werden, sofern nicht Vorschub von Hand zweckmäßiger ist. Bandsägen werden vor allen Dingen benutzt, um an Gußstücken Steiger oder Trichter abzusägen. Die Härte der Sägen darf nicht zu groß sein, da die Zähne sonst leicht ausbrechen. Die Lötstellen müssen weich bleiben. Das Blatt muß gut geführt werden und ist zweckmäßig abwechselnd rechts und links geschränkt. Die 5-mm-Zahnteilung hat sich gut bewährt. Die Schnittgeschwindigkeit v liegt zwischen 1000 und 2500 m/min.

G. Feilen.

Bei den gewöhnlichen Kreuzhiebfeilen und Raspeln ist auf die Spanfortschaffung wenig Rücksicht genommen. Bei weichen Werkstoffen setzt sich der Zahngrund leicht zu. Für Leichtmetalle nimmt man daher gefräste Feilen mit gekerbten Zähnen. Der Keilwinkel β der Feilenzähne beträgt $45 \cdots 50^0$, der Brustwinkel γ $5 \cdots 7^0$. Von Feilenzahn zu Feilenzahn soll eine Zahnkammnut von 3 mm Größe vorhanden sein.

H. Gewindeschneiden.

Bei Leichtmetallen werden Feingewinde mit scharfen Kanten am besten ganz vermieden. Sie fressen leicht und schneiden sich bei häufigem Ein- und Ausschrauben frei.

Die Gewindebohrer haben zwei oder drei weite Spannuten. Sie sollen ein Untermaß besitzen, da sie immer größer als ihr eigentliches Maß schneiden. Die Schnittgeschwindigkeit v ist $15 \cdots 25$ m/min. Es kommt jedoch weniger auf hohe Schnittgeschwindigkeiten als auf sauberes Gewinde an.

I. Räumen.

Als Schnittgeschwindigkeit beim Räumen nimmt man für Leichtmetall heute $v =$ bis 14 m/min.

K. Schleifen.

Entsprechend der Eigenart der Leichtmetalle muß man sich bei der Auswahl der Bindung, Körnung und Härte sorgfältig nach den praktischen Erfahrungen richten.

Als Schleifwerkstoff wird durchweg Siliziumkarbid (SiC) wegen der scharfen Schneiden und glatten Ablaufflächen genommen. Die Bindung kann keramisch (gesinterter Ton) und vegetabilisch (Gummi oder Bakelite) sein.

Für Körnung und Härte gelten folgende allgemeine Richtlinien:

	Rundschleifen	Innenschleifen	Planschleifen	Abgraten
Härte	J $\cdots$ K	H $\cdots$ J	H $\cdots$ J	O $\cdots$ S
Körnung	30 $\cdots$ 80	30 $\cdots$ 40	20 $\cdots$ 40	

Beim Innenschleifen und beim Planschleifen wird wegen der größeren Berührungsfläche ein gröberes Korn und eine weichere Bindung gewählt.

Als Umfangsgeschwindigkeit für die Schleifscheiben sind 20 $\cdots$ 35 m/s anzuwenden.

Die Werkstückgeschwindigkeit soll 12 $\cdots$ 35 m/min sein. Zur Erzielung einer besonders feinen Oberfläche kann die Geschwindigkeit auch noch geringer sein.

Die Spantiefe hängt von dem Werkstück, der Berührungsfläche und der Körnung ab. Feine Oberflächen verlangen kleine Zustellung. Als Richtlinie kann gelten:

$$\text{Grobschnitt} \ldots\ldots\ldots\ldots 0{,}03 \cdots 0{,}06 \text{ mm}$$
$$\text{Feinschnitt} \ldots\ldots\ldots\ldots 0{,}005 \cdots 0{,}01 \text{ mm}$$

Zwischen Spantiefe und Vorschub gibt es keine Zusammenhänge ähnlich wie beim Drehen. Der seitliche Vorschub leistet die Hauptarbeit. Es ist meist wirtschaftlicher, mit kleiner Spantiefe und großem Vorschub zu arbeiten.

Der Längsvorschub je Umdrehung ist auch um so geringer zu wählen, je besser die Oberflächengüte sein soll. Beim Grobschnitt werden große Vorschübe genommen. Als Richtlinie kann gelten:

$$\text{bei Grobschnitt} \ldots\ldots \; {}^{2}/_{3} \cdots {}^{4}/_{4} \text{ Scheibenbreite}$$
$$\text{bei Feinschnitt} \ldots\ldots \; {}^{1}/_{2} \cdots {}^{2}/_{3} \text{ Scheibenbreite}$$

L. Verwendung von Hartmetall.

Den vorstehenden Angaben über Leichtmetalle liegt im allgemeinen die Verwendung von Schnelldrehstählen zugrunde. In der letzten Zeit hat jedoch die Anwendung von Hartmetallen große Fortschritte gemacht. Wenn auch die wünschenswerten hohen Schnittgeschwindigkeiten wegen der Werkstückabmessungen oder der Bauart der Werkzeugmaschinen meist nicht erreicht werden können, so sind doch die übrigen Vorteile der Hartmetalle groß genug.

Besonders bei der Massenherstellung tritt die große Schneidhaltigkeit mit allen ihren Vorteilen in den Vordergrund.

Drehen. Bei der Zerspanung von Silumin ist die Verwendung von Hartmetall besonders zu empfehlen, da — wie eingangs erwähnt — die Verschleißwirkung der Siliziumnester sehr groß ist. Die Schnittgeschwindigkeit ist aber nicht so hoch zu wählen, wie dies an und für sich möglich wäre. Die in den Gußstücken vorhandenen Siliziumnester werden bei zu hohen Geschwindigkeiten herausgerissen und verursachen eine rauhe Oberfläche.

Im nachstehenden sind für einige Zerspanungsarten noch Erfahrungswerte für Hartmetalle angegeben.

Werkstoff	Freiwinkel α	Spanwinkel γ	Schnittgeschwindigkeit v m/min	
			Grobschnitt	Feinschnitt
Reinaluminium und weiche Legierungen	$8\cdots10^0$	$35\cdots40^0$	bis 1500	bis 2500
Harte Legierungen	$6\cdots8^0$	$10\cdots20^0$	$200\cdots300$	$300\cdots400$
Silizium	6^0	$12\cdots18^0$	$75\cdots150$	$180\cdots250$

Besonders haben sich die Hartmetalle beim Überdrehen und Einstechen von Kolbenringnuten bei hoch siliziumhaltigen Kolbenlegierungen bewährt; vor allen Dingen kann man auch wesentlich an Schleifarbeit sparen.

Bohren. Bei Bestückung von Spiralbohrern mit Hartmetallplättchen muß auf den richtigen Drallwinkel von $10\cdots12^0$ geachtet werden. Nur bei ganz weichen Werkstoffen kann er bis zu 20^0 betragen. Die allgemeine Vorschrift, daß beim Bohren

Werkstoff	Vorschub s mm/U	Schnittgeschwindigkeit v m/min
Reinaluminium und weiche Legierungen	bis 0,16	bis 400
Harte Legierungen .	„ 0,12	„ 300
Silizium	„ 0,10	„ 150

mit Hartmetall nur kleine Vorschübe angewendet werden dürfen, muß auch bei Leichtmetall beachtet werden. Die vorstehende Tabelle gibt Richtlinien für Vorschub und Schnittgeschwindigkeit.

Fräsen. Für Fräser, die mit Hartmetall bestückt sind, gelten nebenstehende Werte.

Werkstoff	Vorschubgeschwindigkeit mm/min	Schnittgeschwindigkeit v m/min
Aluminium . .	$1500\cdots3000$	bis zu 2500
Silumin	$500\cdots800$	$100\cdots200$

Reiben. Beim Reiben von Bohrungen in Silizium liegen mit Hartmetall besonders gute Erfahrungen vor. Die Schneiden aus Schnellstahl können der starken Verschleißwirkung des Siliziums nicht widerstehen und werden zu stark abgenutzt. Die mit Hartmetall geriebenen Löcher werden auch sauberer, da sich keine Werkstoffteilchen auf die Schneiden aufsetzen.

M. Verwendung von Diamanten.

Bei Leichtmetallen hat sich die Verwendung von Diamanten für die Fein- und Feinstbearbeitung sehr bewährt[1]. Besondere Vorteile bieten diese Werkzeuge wegen ihrer großen Verschleißfestigkeit bei Siluminlegierungen.

Die Schnittgeschwindigkeiten sollen $200\cdots600$ m/min und, wenn durch die Maschinen erreichbar, noch mehr betragen.

Der Vorschub ist auch hier möglichst klein mit $s = 0,02\cdots0,10$ mm/U und die Schnittiefe a unter 0,3 mm zu wählen.

Wie schon eingangs erwähnt, fällt den Schnellstahl- und Hartmetallwerkzeugen die Vorbearbeitung und den Diamanten die Letztbearbeitung zu. Beide Werkzeugarten sollen niemals gleichzeitig arbeiten.

VIII. Die Zerspanbarkeit von nichtmetallischen Werkstoffen.

Bei diesen Werkstoffen liegen noch keine ausführlichen Versuchsergebnisse vor, so daß man sich mit einigen betriebsmäßig erprobten Richtlinien begnügen muß.

Glas. Glas wird mit stark hängender Schneide (d. h. λ positiv) wie bei gehärtetem Stahl bearbeitet[2]. Schnittgeschwindigkeit beim Drehen: v $80\cdots100$ m/min, Spantiefe a $2\cdots3$ mm, Vorschub $s = 0,1$ mm/U. Bei Gewindeschneiden: Schnittgeschwindigkeit $v = 7,5$ m/min. Für Fräsen läßt sich eine Schnittgeschwindigkeit von $v = 50$ m/min anwenden.

---

[1] Vgl. die Mitteilungen der Firma Winter & Sohn, Hamburg.
[2] Vgl. S. 13: A. FEHSE a. a. O.

Natursteine[1]. Trennen, Hobeln, Bohren. Beim Schneiden auf Sägegattern ist das Werkzeug ein glattrandiges Stahlband. Die Schnittfuge wird unter Hinzufügen von Wasser und Quarzsand (Schneidsand) in den Stein hineingearbeitet. Schnittleistung bei hartem Marmor 2,1 mm/h, bei weichem Marmor 8,5 mm/h und Sandstein $180 \cdots 200$ mm/h, alles bei 3,5 m Blocklänge. Es ist kein Schneiden, sondern ein Abnutzungsvorgang durch Abtrennen kleiner Teilchen von Stein, weil sich die harten Sandkörner in das weiche Sägeblatt eindrücken und so als schneidende Kante ein Stück mitgenommen werden. Die Schneidsandkörnung und Blattbreite sollen möglichst groß sein. Beim Schneiden mit Siliziumkarbidscheiben verwendet man einen Eisenkern von 290 mm Durchmesser und einen Belag mit einem Durchmesser bis zu 350 mm. Am äußeren Durchmesser beträgt die Breite etwa 7 mm; sie verjüngt sich nach der Mitte zu, ähnlich wie ein Abstechmeißel.

Bei weichen und mittelharten Steinen sollen Umdrehungssinn der Scheibe und Vorschub gleichgerichtet sein. Die Schnittgeschwindigkeit ist möglichst hoch zu wählen.

Bei Granit sollen Umdrehungssinn der Scheibe und Vorschub entgegengesetzt gerichtet sein. Die Schnittgeschwindigkeit ist möglichst niedrig zu wählen.

Bei Hobelarbeiten: Werkzeug mit 1,4% C und 5% Wo bei $v = 3,6$ m/min Schnittgeschwindigkeit, Vorschub $s = 5$ mm/Hub, Schnittiefe $a = 5$ mm.

Beim Bohren mit Diamantkronenbohrern: Schnittgeschwindigkeit $v = 25$ bis 30 m/min, Vorschub $s = 0,04 \cdots 0,06$ mm/U.

Holz. Beim Drehen von Holz[2] wurden Schnittgeschwindigkeiten von 1,6 bis 10,75 m/s angewendet. Freiwinkel $\alpha = 12 \cdots 15^0$, Keilwinkel $\beta = 50 \cdots 60^0$. Man soll mit möglichst großen Vorschüben arbeiten.

Schleifen[3]. Als Schleifmittelträger werden benutzt: Schleifpapier, Schleifköper, Schleifleinen. Das gekörnte Schleifmittel wird durch Hanfleim auf dem Papier und den Geweben gehalten.

Die Schleifgeschwindigkeit hat einen großen Einfluß und soll möglichst hoch sein. Bei Schleifbändern nicht unter 20 m/s und bei Tellerscheiben nicht unter $50 \cdots 55$ m/s. Beim Schleifen von Lackschichten auf Holz soll kein Kühlmittel verwendet werden. Die nachstehende Übersicht zeigt die Verwendung verschiedener Schleifmittel. Wegen der Körnung läßt man sich von den Schleifmittelherstellern beraten:

Schleifmittel:	Eignung auf Papier oder Leinen für:
Glas (grünes Flaschenglas) . . .	nur für Handschliff von Holz und Farben
Flint (Feuerstein)	Hand- und Maschinenschliff von Holz jeder Art
Granat (Garnet)	Maschinenschliff von Hartholz und Edelfurnieren
Elektrokorund	Maschinenschliff von Hartholz und Edelfurnieren
Siliziumkarbid	für Sonderzwecke zum Schleifen von Hartholz

Gummi. Beim Drehen wird Spanwinkel $\gamma = 0^0$ genommen[4]. Die Schnittgeschwindigkeit v ist etwa 100 m/min.

Beim Bohren werden nachstehende Werte empfohlen:

Bohrerdurchmesser mm	5	12	25
Schnittgeschwindigkeit v m/min	1800	900	340
Vorschub s mm/U	0,125	0,25	0,36

Beim Gewindeschneiden soll der Bohrer $0,05 \cdots 0,07$ Übermaß haben bei $\alpha = 15^0$ Freiwinkel.

---

[1] Technische Hochschule Dresden, Betriebswissenschaftl. Arbeiten Bd. 10.
[2] WARLIMONT, J.: Dissertation, Technische Hochschule Dresden 1932.
[3] Nach A. SUTTER: Masch.-Bau Bd. 14 (1935) S. 325.
[4] Betriebsarchiv, Masch.-Bau/Betrieb 1934, Heft 11/12.

Bandsägen: 0,8 mm dick, 22 mm breit, $5 \cdots 8$ Zähne auf 25 mm. Schnittgeschwindigkeit $v = 1000 \cdots 1100$ m/min.

Kunstharze. Beim Drehen sind die günstigsten Schnittgeschwindigkeiten $v = 150 \cdots 400$ m/min, Vorschübe $s = 0,3 \cdots 0,5$ mm/U.

Bohren: mit $v = 15 \cdots 25$ m/min, bei $s = 0,2 \cdots 0,4$ mm/U Vorschub.

Sägen: Bei Kreissägen ist günstig $v = 1800 \cdots 2000$ m/min.

Schleifen: mit einer Schnittgeschwindigkeit von $v = 35$ mm/s, Körnung $30 \cdots 60$.

IX. Einfluß der Kühlmittel auf die Zerspanbarkeit.

Die Kühlmittel haben bei der spangebenden Formung den Zweck, die Lebensdauer der Werkzeuge zu erhöhen und die Oberflächengüte und Maßhaltigkeit der Werkstücke zu verbessern[1]. Das Kühlmittel wirkt weniger durch unmittelbare Kühlung an der Zerspanungsstelle, sondern meist mehr durch mittelbare Kühlung der Umgebung der Zerspanungsstelle. Daher ist es Voraussetzung, daß das Kühlmittel nicht nur in sehr reichlichem Maße zugeführt wird, sondern auch in einem ruhigen, gedämpften Strahl die Zerspanungsstelle überflutet.

A. Einteilung.

Man unterscheidet 2 Gruppen von Ölen bei der Metallbearbeitung:

1. Schneidöle (etwa nach DIN 6557). Dies sind Öle, die in unvermischtem Zustande benutzt werden. Sie dienen zur Kühlung bei der Zerspanung von Werkstoffen hoher Festigkeiten mit hohen Geschwindigkeiten und hohen Spanleistungen.

2. Kühlmittelöle (etwa nach DIN 6558), früher auch „Bohröle" genannt. Diese Öle werden mit Wasser gemischt und emulgieren zu einer mehr oder weniger weißen Flüssigkeit. Die Farbe der Flüssigkeit ist auf die Leistung der Emulsion ohne Einfluß. Meist werden Mischungen von 1:10 (1 Teil Öl auf 10 Teile Wasser) benutzt; jedoch kommen je nach Bedarf stärkere oder schwächere Mischungen vor.

Zu beachten ist, daß bei hartem Wasser eine Enthärtung durch Sodazusatz nach folgender Vorschrift vorgenommen werden muß:

1^0 deutscher Härtegrad $= 10$ mg CaO (Kalziumoxyd, gebrannter Kalk) in 1 l Wasser,

$\qquad = 18,9$ mg kalzinierte Soda Na_2CO_3,

$\qquad = 51$ mg Kristallsoda $Na_2CO_3 + 10 H_2O$.

Beispiel: Härtegrade 35^0. Auf 1 l Wasser erforderlich:

$$35 \times 18,9 = \quad 661,5 \text{ mg} = 0,66 \text{ g kalzinierte Soda,}$$
$$35 \times 51,0 = 1785 \quad \text{mg} = 1,80 \text{ g Kristallsoda.}$$

Die Emulsion soll ständig auf ihren Gehalt an Öl geprüft werden, da sie im Gebrauch ärmer wird. Durch Säurezusatz kann leicht die Emulsion zersetzt werden, wobei das Öl sich abscheidet. Bei Verwendung eines Meßzylinders läßt sich leicht der prozentuale Gehalt an Öl ablesen.

Früher war es in vielen Fällen üblich, als Kühlflüssigkeit bei der Zerspanung tierische und pflanzliche Öle (Tran, Rüböl usw.) zu benutzen. Infolge ihrer chemischen Zusammensetzung neigen diese stark zu Veränderungen (säuern und harzen). Außerdem sollen solche Öle aus Gründen der Rohstoffversorgung nicht mehr zu industriellen Zwecken benutzt werden. Es kommt noch hinzu, daß die in Deutschland gewonnenen geringen Mengen solcher Öle wichtigeren Anwendungsgebieten vorbehalten sind.

---

[1] Vgl. auch K. Krekeler: Öl im Betrieb. Heft 48 der Werkstattbücher.

B. Richtlinien für die Verwendung der Schneidöle und Kühlmittelöle.

Drehen auf gewöhnlichen Drehbänken. Beim Drehen von Stahl wird Schneidöl und Kühlmittelöl benutzt. Eine genaue Trennung, wann das eine oder andere anzuwenden ist, kann nicht gegeben werden. Bei Benutzung von Schneidöl ist im allgemeinen mit einer Erhöhung der Schnittgeschwindigkeit v_{60} von $40 \cdots 50\,\%$ zu rechnen. Wenn man aus gewissen Gründen die Schnittgeschwindigkeit beibehalten muß, erhöht sich die Standzeit des Werkzeuges.

Drehen auf Automaten- und Revolverbänken. Bei solchen Bänken muß ausschließlich Schneidöl benutzt werden, weil die Kühlflüssigkeit ständig die Lager der Maschine überspült. Bei Verwendung eines mit Wasser angesetzten Kühlmittelöles besteht die Gefahr, daß diese Flüssigkeit das Schmieröl aus den Lagern herausspült und dadurch unzulässiger Verschleiß eintritt. Bei Verwendung eines geeigneten Schneidöles beträgt der Gewinn an Schnittgeschwindigkeit bis zu $80\,\%$.

Bei diesen Arbeitsvorgängen ist besonderer Wert auf entsprechende Ausflußtüllen zu legen, die der Form des Werkstückes angepaßt sein müssen.

Bohren. Beim Bohren wird im allgemeinen Kühlmittelöl benutzt (aus Gründen der besseren Spülwirkung). Die Späne werden beim Kühlmittel besser aus den Bohrungen herausgespült, weshalb es auch in besonders kräftigem Strahl zuzuführen ist. Durch ein geeignetes Kühlmittelöl können Geschwindigkeitssteigerungen bis zu $75\,\%$ erreicht werden.

Senken und Reiben. Beim Senken und Reiben muß darauf geachtet werden, daß durch die Zähflüssigkeit (Viskosität) des Kühlmittelöles die Reibüberweite wächst[1], da die Filmdicke zwischen Werkstoff und Werkzeugschneide größer wird. Dies kann man sich also zunutze machen, wenn man mit einer kleineren Reibahle größer reiben will.

Fräsen. Beim Fräsen soll vorzugsweise Schneidöl benutzt werden. Es müssen sehr große Mengen zugeführt werden, damit die Späne weggespült werden. Es kommen bei Fräsmaschinen Pumpenleistungen von $300 \cdots 400\ \text{l/min}$ vor. Je größer die Schmierfähigkeit bei Schneidölen ist, um so geringer ist der Kraftbedarf. Ein solches Öl ergibt gegenüber Kühlmittelöl (Bohröl-Emulsion) eine Verringerung des Kraftbedarfes von $10\,\%$ und sogar gegenüber Rüböl noch um $5\,\%$.

Gewindeschneiden. Das Gewindeschneiden ist ein schwieriger Zerspanungsvorgang. Nach Möglichkeit ist nur Schneidöl zu benutzen. Für besondere Gewinde bei hoher Festigkeit muß unter Umständen ein Lardöl gebraucht werden.

Räumen. Beim Räumen war es bisher üblich, Tran zu nehmen. Man ist davon abgekommen, da der Geruch sehr störend ist. Außerdem neigt Tran stark zum Säuern und Harzen, so daß Späne an den Schneiden der Räumnadeln kleben bleiben und, wenn sie nicht entfernt werden, zu Schneidenverletzungen führen. Sofern man mit einem Schneidöl nicht auskommt, ist Lardöl zu verwenden.

Sägen und Feilen. Beim Sägen und Feilen wird aus Gründen der leichteren Zuführbarkeit und der guten Kühlwirkung Kühlmittelöl benutzt. Es ist hier besonders darauf zu achten, daß die zugeführte Menge groß genug ist.

Schleifen. Beim Schleifen hat man bisher sehr oft Sodawasser benutzt und Kaliumchromat. Bei Sodawasser leidet der Anstrich der Maschinen sehr, bei Kaliumchromat sind physiologische Wirkungen auf die Hände der Bedienungsleute zu befürchten. Bessere Bewährung haben Kühlmittelöl und in Sonderfällen Schleiföle gezeigt. Hierbei ergeben sich bessere Oberflächen (als beim Schleifen mit Sodawasser): die Werkstücke sind vor Korrosion geschützt und die Maschinen

---

[1] SCHALLBROCH: Dissertation Aachen, Bericht Nr. 19: Untersuchungen über das Senken und Reiben von Eisen, Kupfer und Aluminiumlegierungen.

werden geschont. Die Schleiföle werden unverdünnt gebraucht und besonders bei Schleifarbeiten, die gute Profilhaltigkeit der Schleifscheibe und hohe Oberflächengüten verlangen, angewandt. Die Kühlmittelöle sind $1:40$ bis $1:50$ (1 Teil Öl auf $40\cdots50$ Teile Wasser) zu verdünnen[1,2].

X. Kurzversuche für die Prüfung der Zerspanbarkeit.

Wie im vorstehenden gezeigt wurde, kommt es nicht nur darauf an, zu wissen, ob sich ein Werkstoff besser zerspanen läßt als der andere, sondern es sollen auch gleichzeitig Zahlenwerte für Schnittgeschwindigkeiten, Vorschübe usw. gewonnen werden, die sich im Betrieb praktisch verwerten lassen. Da hierbei die wirklichen Arbeitsvorgänge bis zur Abstumpfung des Werkzeuges angewendet werden, ist die Ermittlung der Richtwerte sehr zeitraubend und kostspielig.

Es ist daher schon seit langem das Bestreben gewesen, an deren Stelle eine einfache Prüfung oder ein Kurzverfahren[3] zu setzen. Es ist aber bis heute noch nicht möglich gewesen, durch ein solches Verfahren absolute Zahlen für die Zerspanbarkeit zu bekommen.

Nachdem nun aber durch viele Großversuche nicht nur die Zerspanungsschaubilder, sondern auch eine Reihe anderer Gesetzmäßigkeiten ermittelt wurden, bietet sich für die Kurzprüfverfahren ein neues, wichtiges Anwendungsgebiet. Wenn für einen Werkstoff, der immer in gleicher Zusammensetzung hergestellt wird, z. B. die v_{60}-Kennzahlen einmal ermittelt wurde, so ist es manchmal erwünscht oder notwendig, für die laufende Fertigung des Stahles die Zerspanbarkeit zu überwachen, ähnlich wie dies für Festigkeit, Dehnung usw. üblich ist. Es genügt also in diesem Falle, wenn man die Zerspanbarkeit einer als gut erkannten Lieferung durch irgendeine schnell und leicht zu ermittelnde Kennzahl ausdrückt. Bei der laufenden Überwachung der folgenden Lieferungen braucht man dann nur festzustellen, ob die Kennzahl die gleiche bleibt.

Man hat Kurzzeitversuche nach folgenden Verfahren ausprobiert:

1. Das Schnittkraftverfahren, ausgebildet mit elektrischen Meßdosen, Bauart WALLICHS-OPITZ.

2. Das Messen der Temperatur an der Schneide nach GOTTWEIN-REICHEL.

3. Das Kurzprüfverfahren (Pendelverfahren) von LEYENSETTER.

4. Das Schnittgeschwindigkeit-Steigerungsverfahren nach JANSEN[4] beim Bohren.

---

[1] STÄGER, H., Baden, u. K. KREKELER, Hamburg: Über Versuche mit Schleifölen. Masch.-Bau, Der Betrieb Bd. 11 (1932) Heft 15 S. 317.

[2] OPITZ u. VITS: Über das Schleifen mit verschiedenen Kühlmitteln. Dtsch. Kraftfahrtforsch. Heft 65.

[3] RAPATZ, A.: Prüfung der Automatenstähle auf ihre Zerspanbarkeit. Stahl u. Eisen Bd. 56 (1936) S. 617.

[4] Das Geschwindigkeits-Steigerungsverfahren wird so angewendet, daß die Schnittgeschwindigkeit, ausgehend von 10 m/min, nach jedem Loch in kleinen Stufen so lange erhöht wird, bis der Bohrer ausgibt. Die erzielte Endschnittgeschwindigkeit als Kurzprüfwert ergibt die gleiche Rangordnung der Werkstoffe, wie sie durch die Standlängenversuche (zur Bestimmung von $v_{L_{2000}}$) gefunden werden kann. Daraus ist die Erkenntnis gewonnen worden, daß dieses Steigerungsverfahren zur Kurzprüfung der Bohrbarkeit besonders geeignet ist. Ein aus dem Verhältnis der beim Steigerungsversuch erzielten Endschnittgeschwindigkeit v_{St} zu der Bohrbarkeitskennzahl $v_{L_{2000}}$ sich ergebender Beiwert ist für jeden Werkstoff bezeichnend, wie Vergleichsversuche an anderen Werkstoffen ergeben haben. Aus dem bekannten Beiwert und der Endschnittgeschwindigkeit v_{St} läßt sich in kurzer Zeit und mit geringem Werkstoffverbrauch die Bohrbarkeitskennzahl und damit eine wirtschaftlich anwendbare Schnittgeschwindigkeit ermitteln.

Zu 1. Bei dem Schnittdruckverfahren wird die von WALLICHS-OPITZ ausgebildete elektrische Meßdose benutzt[1,2] (Abb. 68 und 69).

Wie die Abbildung zeigt, beruht diese Meßdose auf dem Induktionsprinzip. Die Schnittkräfte können jeweils abgelesen werden oder auch von einem Selbstschreiber über den ganzen Zerspanungsvorgang hin festgehalten werden.

Abb. 68. Prüfgerät nach WALLICHS u. OPITZ.

Zu 2. Bei der Feststellung der Temperatur an der Schneide nach GOTTWEIN-REICHEL wird nach Vorschlag von REICHEL das Zweistahlverfahren angewendet. Mit Hilfe zweier gegeneinander versetzter Drehmeißel (Abb. 70) von gleicher Form, aber aus verschiedenen Werkstoffen (etwa Schnellstahl und Hartmetall), wird bei gleichem Spanquerschnitt für 3···4 verschiedene Schnittgeschwindigkeiten die an der Schneide entstehende Temperatur ermittelt.

Die Schnittgeschwindigkeiten für alle Spanquerschnitte eines Werkstoffes lösen unter diesen Umständen für dieselbe Standzeit die gleiche Schneidentemperatur aus, d. h. also, daß alle v_{60}-Werte eines Werkstoffes auch gleiche Schneidentemperaturen haben.

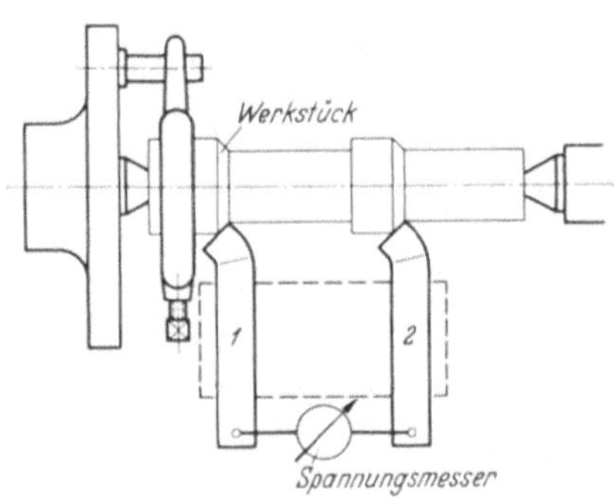

Abb. 69. Induktions-Kraftmeßdose.

Abb. 70. Zweistahl-Verfahren nach GOTTWEIN-REICHEL.

Zu 3. Das Leyensetter-Kurzprüfverfahren setzt sich aus 2 Teilen zusammen, erstens dem Kurzdrehversuch an der Drehbank und zweitens der Bestimmung der Schneidenabstumpfung mit dem Leyensetter-Pendel. Der Kurzdrehversuch wird mit einem besonderen dreieckigen Werkzeug an einer normalen Drehbank durchgeführt. Der Vorschub s beträgt 0,43 mm/U, die Schnittiefe a 0,20 mm. Bei jedem Versuch wird der Drehstahl auf einer Drehlänge (abgewickelte Schraubenlänge) von 25 m unter Schnitt gehalten. Die Schnittgeschwindigkeit wird bei den einzelnen Versuchen von 10 zu 10 m/min erhöht. Nach jedem Versuch wird der Drehmeißel am Pendelgerät auf seine Abstumpfung geprüft.

Das Leyensetter-Pendelgerät besteht aus einem Pendel nach Abb. 71. Wenn die Schneide abstumpft, so wird die Auslenkung des Pendels nach oben immer größer. Dieser Betrag des Pendelausschlages wird in einem Schaubild eingetragen und ergibt eine spiegelbildliche Darstellung einer $T\text{-}v$-Kurve. Nach LEYENSETTER soll nun der Schnittgeschwindigkeitswert, der dem Pendelausschlag 10

---

[1] Stahl u. Eisen Bd. 51 (1931) S. 1478. — Vgl. Werkstattbuch Heft 91.
[2] OPITZ: Leistungsmessung an Werkzeugmaschinen. Z. VDI Bd. 81 (1937) Nr. 3.

zugeordnet ist, als Kennzeichen der Zerspanbarkeit dienen. Wenn innerhalb eines Versuches mit 25 m Drehlänge eine Blankbremsung auftritt, wird dieser Wert der Schnittgeschwindigkeit ebenfalls eingetragen (in der Abbildung mit b bezeichnet).

Man hat über die Brauchbarkeit dieser Verfahren größere Versuchsreihen an Automatenstählen gemacht. Es hat sich dabei gezeigt, daß bei allen 3 Verfahren die gleiche Gruppierung der Zerspanbarkeit gefunden wurde. Diese Beurteilung stimmt auch gut überein mit den Ergebnissen, die die Betriebe, denen man die gleichen Werkstoffe zur normalen Verarbeitung gegeben hatte, angaben. Man kann also sagen, daß diese Kurzprüfverfahren für eine Überwachung

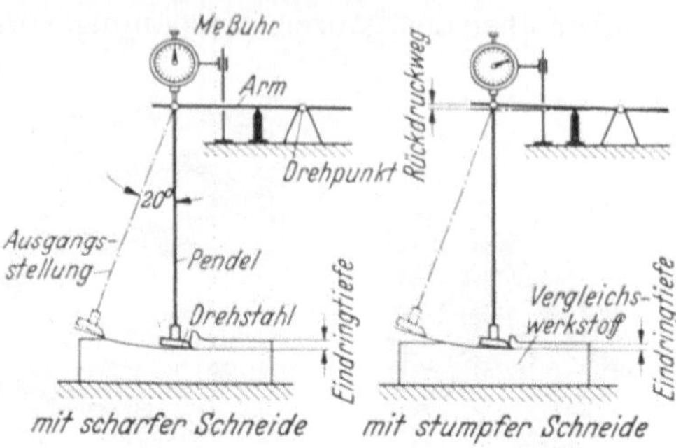

Abb. 71. Schema des Leyensetter-Pendelgerätes.

der Zerspanbarkeit innerhalb einer gleichen Werkstoffgruppe (z. B. Automatenstahl), solange es sich nur um Feststellung der Vergleichsziffer für die schon bekannte Zerspanbarkeit handelt, brauchbar sind. Allerdings verlangt die Anwendung immer noch geübtes Personal und eine gewisse Erfahrung. Viele Werke arbeiten aber schon betriebsmäßig mit dem Schnittdruckverfahren und haben gute Ergebnisse.

Druck von C. G. Röder, Leipzig.